全球MBA必讀50經典

—1冊重點圖解精華—

前日本 IBM 行銷經理 **永井孝尚** 著／張翡臻 譯

suncolor
三采文化

推薦語

找到自己缺少的那一塊拼圖

許繼元 Mr.Market市場先生／財經作家

任何企業與組織成長路上必然有許多瓶頸要克服，但每間企業所處時代背景、產業環境、資源條件都不同，帶來改變的關鍵也不同。本書提供過去最經典的商業思考書單並羅列重點整理，幫你找到自己目前缺少的那一塊拼圖。

推薦序

唸MBA已不稀奇，如何廣泛吸收並活用才是關鍵

陳其華 卓群顧問有限公司首席顧問

MBA的商管教育在台灣已經不像以前那麼稀有，你很容易發現身邊唸過MBA的人不少。但，有些大學應屆畢業就去唸MBA，畢業後卻不知道該如何職場上活用。也有工作多年的人，去唸在職的EMBA。畢業後，卻發現發展也沒期望中順遂。

MBA教的內容有沒有用？其實問題的重點是，你會不會活用？要習慣把每個MBA理論用在實務上對問題的觀點與思路上，常用且用多了，就會有極大的幫助。本書從五十本經典MBA名著，整理出重點，簡明扼要。作者針對策略、

顧客、創新、行銷、領導與育才等方面，針對六個商管的重要議題，清楚完整地整理出50部ＭＢＡ經典中的重要理論觀念。當你深入了解每個商管理論在誕生當下的時空條件與案例背景，才知道如何轉化運用。

在企管顧問的專業觀點上，策略是要創造競爭優勢，有效達成目標。無論是個人職場發展或企業產業發展，都需要正確的策略思維。顧客才是企業存在的基本價值，也是企業最重要的資產。一家企業若無法贏得顧客的購買認可，就代表沒有在市場存在的價值。

開創一個新事業，要有正確的創業家精神與方法。何況，現在多數企業都在鼓勵內部創業的利潤中心制度。行銷不但要影響目標客群的想法，更要創造銷售成交的影響力。企業的核心在人，你領導多少人來創造多少價值，決定你的領導力。人才是企業經營的重大核心資產，但卻需要有自我培育與自我激勵的能力。

同一個管理議題，建議讀者要看看不同專家是如何從各種角度去提出觀點。

比對一下這些理論之間，在同一個商管議題下，觀點間的不同差異。建議已有多年豐富工作經驗的讀者，在閱讀每篇ＭＢＡ理論時，除了標註重點詞句之外，也可以嘗試思考並寫下，你在實務上會如何運用這些觀念？

任何商管理論的學習，最重要的是提高思考與分析的品質。如此才能讓你做出更好的判斷與決策，有效提升工作與事業的競爭力。本書將五十部商業經典內容整理得十分清楚，若能深入研讀，並在實務上對照運用，相信對讀者的工作或事業上，會有極大的助益。本人以多年專業企管顧問的立場，樂於推薦本書給讀者參考。

推薦序

集商管知識經典著作之大成，適合初學者

黃國峯　國立政治大學商學院EMBA執行長兼企業管理學系教授

《全球MBA必讀50經典》為前IBM行銷經理永井孝尚，嚴選全球MBA菁英必讀50本選書，每本選書都為讀者在10頁之內歸納重點整理，讓再複雜的理論也能在3～5分鐘內被吸收。本書非常適合完全無商管知識背景之讀者，若有商管知識背景之讀者，閱讀此書更能快速印證自己的經驗與所學。

本書作者從行銷專長角度來看MBA必讀50本經典讀物，並將此書分為六大章節，分別策略、顧客、創新、行銷、領導、育才。本書包括策略、組織、與執行力三個層面之議題，管理大師彼得·杜拉克曾說：「組織追隨策略」，亦即策

略先擬定。組織設計與功能政策會追隨策略方案而訂定，策略與組織確定後，才會談到執行力的問題，故依此順序來看，讀者可以從「策略」部分開始閱讀，接者可以閱讀「行銷」與「顧客」部分，因為企業策略引導行銷政策。當有明確策略與行銷政策，讀者可以接著閱讀「創新」部分，以瞭解企業可以如何執行策略。執行策略時，當然要有合適的領導與優秀的人才，故最後可閱讀「領導」與「育才」部分。上述之順序是由宏觀到微觀，讀者另外也可以從另外一個順序閱讀此書由微觀到宏觀，即先閱讀「行銷」與「顧客」部分，再看「策略」與「創新」部分，最後再看執行面的「領導」與「育才」。

除了閱讀順序之參考建議外，另外還有兩個建議作法也可以在閱讀本書時參酌進行。第一個就是試著將本書所列之不同經典書籍比對與整合成為新的架構，透過這樣的練習，訓練自己多元思考整合能力，例如波特《競爭策略》中差異化以及專精策略與《藍海策略》有何異同？《誰說人是理性的！消費高手與行銷達人都要懂的行為經濟學》又可以如何與《顧客忠誠度效力》整合？尤其本書已將50本經典濃縮整理，更有助於讀者訓練思考整合能力，甚至於對商學院老師們來說，更可以發揮概念性架構發展之能力。

第二個建議作法就是看完此書的精華整理後，讀者可以回頭去閱讀原著書籍，並試圖去摘要整理該原著之重點，看看是否與本書作者的重點摘要有所差異，這樣的作法不是要讓大家去挑戰本書作者之整理，不同人對資訊的解讀本來就受制於背景與互補性知識而產生不同的解讀本，此作法重點是可讓讀者看到原經典作者對原架構之論述，可以讓讀者更深入瞭解原經典作者之深層內隱知識。這個作法也有另外一個進階作法，即若有尚未閱讀之書目，請先看原著經典，並做重點整理，閱畢後再來閱讀本書並比對本書作者重點整理之異同，如此更能加深對原經典著作精華之掌握。

由於本書作者專長於行銷領域工作，故可以得知作者知識脈絡的延伸是從行銷一直到策略與組織領導相關的知識，因此讀者若有類似背景，或是擔任中高階主管的經驗，此書亦可成為管理經理人的知識庫索引。

最後，本書集商管知識經典著作之大成，每本書都是商管知識的精華，若可以依本書為基礎，進行系統性的閱讀計畫，將這50本經典逐一讀完，相信讀者應可對商管知識有全面性且完整性之學習與成長。

推薦序

聰明人在短時間內學習的最佳選擇

楊千 國立交通大學經營管理研究所榮譽退休教授

所謂的必讀，意指這個領域的基本知識，是我們在該領域的「應知應會」。

所謂的經典，就是經過長期專業與實踐的認證，讓我們後學能夠透過他人的智慧，不需要自己重新摸索去發現已經驗證的知識，繼續往前精進發展。

現在科技進步、交通方便，生活節奏就比上一代的人快速。從事管理相關工作的人，想要在短時間內獲取大量的知識，必須講究方法，透過他人的努力，汲取「應知應會」，將自己裝備好。

作者永井孝尚從100本企業管理經典名著中，精挑細選出50本他認為對近代企業管理最重要的著作。他將每一本書的精髓用很淺顯的方式說明，讓讀者在知識吸收上兼具效率與效果。本書其實就是一本管理名著的總目錄加上說明：它涵蓋了對高階主管而言最重要的六個領域：策略、顧客、創新、行銷、領導、育才。

我對作者的努力與用心相當敬佩。但本書真正的特殊價值，在於它對每一名著的核心概念給出了很正確的闡述。比如說，100年前的熊彼得就說「經濟發展的原動力是創新」，至於什麼是創新呢？作者寫得很清楚好懂，就跟我平常上課給學生說的一樣。所謂的創新並不是發明，也不是新的知識。創新是將既有的知識或既有的科技，用一種新的組合呈現出來。比如說iPhone是創新的典範，賈伯斯只是將當時就存在的觸控面板與行動通訊科技加以組合呈現。賈伯斯的偉大在於：藉由創新，將蘋果推向全球品牌的第一名。

單是作者對名詞闡述如此精確，就值得我推薦本書。聰明的人若想要在很短的時間獲取管理名著的總目錄加上說明，這本書是一個絕佳的選擇。

一次讀懂這本書所整理的商場常用概念，在職場上至關重要

劉恭甫　創新管理實戰研究中心執行長

我在企業進行創新思維課程當中，經常分享最前沿的創新思維與方法。「破壞式創新」、「設計思考」、「藍海策略」、「精實創新」名列全世界最知名的四大創新創業理論，也是我最常帶著企業實踐創新的方法論。我也經常舉辦這四大創新創業理論的讀書會，帶著企業主管閱讀《創新者的解答》、《IDEA物語》、《藍海策略》、《精實創業》這四本書。所以，當我看到《全球MBA必讀50經典》結合了我最常推薦的這四本創新創業的書籍，實在是迫不及待開卷。讀後我發現，這本書除了精華分析，還加上作者獨到的見解，讓我更能看清楚各種不同創新方法的核心關鍵。特別的是，除了創新創業，本書更整合了各種商場

常用概念，是一本難得一見的重點總整理商管書，更是每一位職場專業經理人必備的案頭書。

一次讀懂這本書所整理的商場常用概念，在職場上至關重要，尤其是你需要進行策略創新領導管理等關鍵工作時，更是如此。以下我和大家分享我的故事。

二〇一二年我就讀清華大學EMBA時，修了「個案分析」這門課，這是我在清華就讀過程中印象最深刻的一門課。修課的同學需要參加EMBA一年一度的個案分析競賽，我與同班同學共同組成六人代表隊報名參加。參加個案比賽宛如體會真實的商場，我們必須分析自己的優缺點，還要分析競爭對手、上下游、行業生態；更要能分析客戶與市場的需求，並提供完整的商業策略。

為了準備這個比賽，我們團隊每週至少練習一個個案：練習如何看懂一個企業個案的策略，練習如何找出個案問題點與切入點，練習如何運用適當的分析工具。在練習超過六個月並管理超過三十個個案之後，我們整理出一套領導者必備的六段式「策略思考架構」邏輯。當年我們團隊運用這個「策略思考架構」一舉奪下雙料冠軍，榮獲二〇一二年EMBA商管聯盟高峰會「元大盃個案分析比賽」國際組冠軍與「商管聯盟盃個案論劍比賽」台灣個案組冠軍。

這一套領導者必備的六段式「策略思考架構」的邏輯，分別是問題、分析、對策、行動、風險、結論。我將六段式「策略思考架構」的邏輯與本書所整理的50本選書大致分為「策略」、「創新」、「品牌行銷」、「變革管理」、「領導力與影響力」五大主軸進行比對，驚訝地發現不謀而合：

一、問題：快速抓出策略重點與問題，呼應本書介紹的第1書到第12書，選書主軸在「策略」

一、分析：競爭分析與優劣勢分析，呼應本書介紹的第1書到第12書，選書主軸在「策略」

一、對策：提出創新策略，呼應本書介紹的第13書到第25書，選書主軸在「創新」

一、行動：品牌行銷流程製造的設計，呼應本書介紹的第26書到第31書，選書主軸在「品牌行銷」

一、風險：永續經營與風險分析，呼應本書介紹的第32書到第36書，選書主軸在「變革管理」

一、結論：領導者的思考，呼應本書介紹的第37書到第50書，選書主軸在「領導力與影響力」

這使我更加相信，本書是每一個策略領導者必備的思考邏輯與商場概念大全。

而你不必像我當年需要花六個月以上的時間研讀超過30個個案。幸運的你，光靠這本書，就可上手。

本書《全球ＭＢＡ必讀50經典》的50本選書都為讀者畫重點總整理，我相當佩服作者將每本選書的精華濃縮在數頁之內，並以圖表方式，將複雜的理論簡單呈現，讓讀者能立刻學會各種商場常用概念，達到立刻學立刻用的目的。誠摯推薦給身為領導者與創業者的你。

前言

全球菁英都知道經商的「理論」

永井孝尚

絕大多數的日本商業人士都學識淺薄。

這麼說應該會引來極大的反彈。世人普遍認為「日本人很勤勉」，其實並非如此。

我在IBM上班時，常有機會跟海外商業人士合作，他們把商業技能當成武器，多擁有MBA（經營管理碩士）學位。**經營理論就像「讀、寫、算」，是工作的基礎技能**。基本上，當時只要一句「這是基於○○理論的策略」，大家就能心領神會，並透過該理論，商討貼合現實的合理策略。

但在日本就行不通了。經營理論在國內被視為「紙上談兵」，無法在實際工作中派上用場，少有人接受系統學習。時至今日，竟還有公司要求在海外取得ＭＢＡ學位的員工挨家挨戶上門推銷，說是要讓他們「褪去ＭＢＡ的光環」。

實務經驗固然重要，徹底瞭解理論也同樣重要。

多數日本人未意識到自己學識淺薄，只知道毫無效率地埋首苦幹。

體育界早已重新檢視過度嚴苛的精神論及耐性論，如今也相當重視理論。１９７０年代的國、高中運動社團，會要求學生蹲跳，常叫學生「不喝水苦撐下去」，但從現代醫學觀點看來，蹲跳只會對下半身造成傷害，已經遭到禁止，而且運動時最好積極補充水分。

至今仍無視理論、過度重視實務經驗和精神論的日本企業，就跟在１９７０年代以為「能靠蹲跳取勝」的運動社團沒兩樣。

要學習商業理論，除了輕鬆的商業書籍以外，還要通曉海外ＭＢＡ菁英愛讀的跨時代商業書籍。閱讀這類書籍，不僅能學到普遍的商業思想及理論，還能在一籌莫展時找到方向。

但在現實生活中，多數上班族「從未接觸過類似書籍」，根本無從下手，即使知道門路，也忙到沒時間讀書。

而海外ＭＢＡ菁英們，早已把這些理論活用在工作中。

本書整理了50本海外ＭＢＡ菁英必讀的書。

我挑出１００本以上「海外ＭＢＡ菁英必讀書」，從中嚴選50本「日本上班族至少要有概念」的書，忍痛割愛了許多好書（專業性質較高的會計、財務領域書籍不在選書範圍內。此外，我也挑了幾本日本人寫的書）。

本書最重視的3點是「**該如何應用在工作上**」、「**易懂程度**」及「**有趣程度**」。

畢竟對商業人士來說，最重要的不外乎「能為工作帶來何種成效」。

這50本書裡也有晦澀難懂的書籍，我會用平易近人的例子說明，並指出與內容對應的工作方向，幫助大家在徹底鑽研理論的同時，能用短短3到5分鐘的時間，輕鬆掌握每本書有利於工作的重點。

一併閱讀數本同類型的書籍，有助於加強對內容的理解，眼界也會更開闊。

因此，我將這50本書歸為6類，並於文內寫出各本書的關聯之處。

請先從自己感興趣的書籍開始讀起吧。

即便你遇到不懂的地方，暫且跳過，依然能吸收到海量的資訊。

讀完本書後，大家應該能親身感受到，經營理論不但有趣，還是工作利器。

若發現感興趣的書籍，請務必嘗試閱讀原書。

期許大家將書中的理論實際應用在工作上。通過理論，在工作現場反覆摸索，必定能在短時間內收穫驚人的成果，這些成果都將成為你的武器。

第1章 「策略」

第2章

「顧客」

第3章「創新」

第4章

「行銷」

第5章

「領導」

第6章

「育才」

本文設計／ホリウチミホ（NIXinc）
本文插圖／瀨川尚志

第1章 「策略」

策略論必須與時俱進。

可惜的是，

並沒有能應對各種情況的萬能策略論。

我們必須培養獨特發想，參考實例並取出能應用的部分。

本章以波特於1981年出版的《競爭策略》為首，

為各位讀者介紹10本必讀的策略名著。

1

《競爭策略：產業環境及競爭者分析》（天下文化）

——競爭對手不是只有同行

麥可・波特

哈佛商學院教授。哈佛大學特聘教授。1969年畢業於普林斯頓大學航空及機械工程系，1971年取得哈佛大學企管碩士學位，1973年取得該大學企業經營學博士學位，1982年就任該大學史上最年輕教授。有《競爭優勢》、《國家競爭優勢》等多本著作。也是一名活躍於世界各國政府幹部及企業經營者間的諮詢顧問。

「跟宿敵單挑時絕對不能輸！」

面臨競爭的狀況，有些人腎上腺素會突然飆升，奮勇迎敵。也有些人「討厭競爭」，傾向迴避。我是屬於後者。不過，只顧著逃跑的人，最終將淪為輸家。《競爭策略》就是專為後者寫的書。本書並未傳授競爭的訣竅，而是**教人在聰明迴避激烈競爭的同時取得勝利**。

本書是美國企業經營者必備的策略聖經，書中舉出真實商業案例，具體介紹制定競爭策略的方法。

用「5力分析」來思考業界的競爭狀態

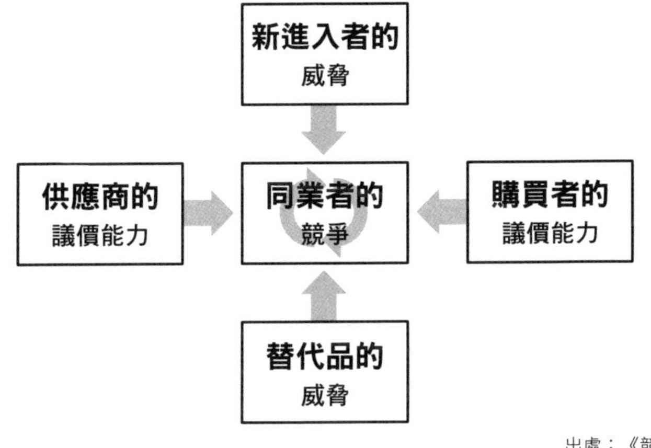

出處：《競爭策略》

先來介紹本書的核心「**5種競爭作用力**」和「**3種競爭策略**」。

這個世界意外地不公平，有些業界容易賺大錢，有些業界則不然。貿易業、金融業、製造業的收入普遍偏高，但服務業則普遍低薪。

根據波特的說法，業界賺錢與否，取決於該業界的競爭狀況，競爭激烈的業界賺不了錢。

而且競爭對手不只有「**同業**」，**還包括「供應商」**、「**購買者**」、「**新進入者**」和「**替代品**」。或許大家會想，「光是同業就已經夠棘手了，竟然有5個競爭對手……」，這時候「擊潰同業」這個念頭，就像是在折騰自己而已。

因此出現了「**5種競爭作用力**」的分析法。

既然免不了一戰，更應該要聰明取勝。接著就用最貼近日常生活的便利商店業界來當分析案例。

「供應商」的議價能力

我曾被7－11嚇到，其自有品牌的「金吐司」竟然賣得比YAMAZAKI的最高級吐司「Your Queen GOLD」還貴。據說「金吐司」是用特級麵粉，以及北海道鮮奶等精選食材製成。實際品嚐後發現確實很美味。

但7－11為什麼要賣得比專業烘焙品牌YAMAZAKI還貴呢？

因為「金吐司」是7－11跟麵粉、麵包公司共同開發的商品，開發目的是「讓便利商店的吐司變得更美味」。

站在7－11的角度來看，製造商是「供應商」；站在供應商的角度來看，7－11在全日本有2萬間分店，具備強大的銷售能力，而且7－11擁有供應商缺乏的豐富顧客情報，跟7－11合作開發商品是一樁吸引人的合作案。

7－11兼具銷售能力及顧客情報，其擁有的強大力量，凌駕於身為「供應商」

的製造商，因此7－11能與供應商共同研發「7-PREMIUM」系列產品。7-PREMIUM的銷售額在2016年突破1兆日圓。

「新進入者」的威脅

新品牌難以進入便利商店業界。從商品進貨、酒類販賣許可、IT系統到店員教育訓練等，都必須投入金錢和人力。這種新進入者會面臨的阻礙，稱為「進入障礙」。

新進入者很難從現階段開始打造出媲美7－11、全家、LAWSON的連鎖便利商店體系。便利商店業界豎立著一堵巨大的障礙高牆，幾乎不見新進入者。

不過，國外陸續出現利用新科技打入此業界的公司。

Amazon的無人超商「Amazon Go」便是其中之一。其店內相機會在客人結帳時錄下其外觀確認其身分，並用AI（人工智慧）確認購買的商品，客人只要拿著想買的商品走出店外即可，完全不需要排隊結帳。

這種嶄新的模式顛覆了便利商店的傳統常識。在中國也有愈來愈多企業開始發展無人超商。

雖然便利商店是難以打入的業界，但在未來，仍有可能遭到新科技型態事業體所取代。

「替代品」的威脅

最近藥妝店的品項愈來愈豐富，除了藥品和化妝品以外，甚至連文具用品、食品和生鮮蔬菜都有販售。在2001年起的15年間，日本國內藥妝店的營業額及店鋪數量激增了3倍，其中營業額更是高達5兆日圓，逼近便利商店業界營業額的一半（根據日本Home Center研究所調查）。

我也很愛用網路購物，到貨速度快，非常方便。而網路購物的營業額也在從2010年起的6年間翻倍成長。

品項豐富的藥妝店和便利的網路購物，近年來急速成長。從消費者的角度來看，這兩種購物模式都有機會成為便利商店的「替代品」；對便利商店來說，這兩種模式都是巨大的威脅。

因此，便利商店開始增加商品種類，提供宅配及高齡者看顧服務等，致力拓展比網路購物更方便的面對面服務。

「購買者」的議價能力

出門在外突然想起有東西要買時，我通常會想：「回家路上經過便利商店再買好了。」雖然超市比較便宜，但與其花時間繞遠路，倒不如回家路上順路買。

乍看之下，這種情況是身為顧客的我捨棄超市選擇了便利商店，實際上並非如此。

其實是便利商店「近在眼前很方便」的優點「促使我做出選擇」。便利商店需要跟「顧客的比價能力」競爭，身為「購買者」的顧客也是便利商店的競爭對手。

我家附近有間名叫「乃が美」的吐司專賣店，其吐司放置數日依然美味，天天都大排長龍，一定要先預約才買得到，而且從不打折。這就是用「其他店吃不到的美味吐司」的優點促使「想吃美味土司」的購買者做出選擇的好例子。

「同業者」的競爭

便利商店同業之間也會互相競爭，但僅限於規模較大的便利商店。儘管同業競爭激烈，便利商店之間也從不打價格戰，而是會盡量凸顯不同於競爭對手的獨特之處。

反觀牛丼業界，雖然同樣有3大龍頭，但當某間店大幅降價時，其他店會展開激烈的削價競爭，導致業界整體收益下降。

像這樣用5種競爭作用力分析整個便利商店業界，也能找到對自家公司有利的對策。

- 強化便利性、增加親切感、豐富品項↓與**購買者**、**同業者**、**替代品**競爭
- 跟**供應商**合作開發新產品
- 對付**新進入者**↓確認其是否採用新技術
- 迴避**同業者**之間的削價競爭，維持高價

從「5力分析」看便利商店業界

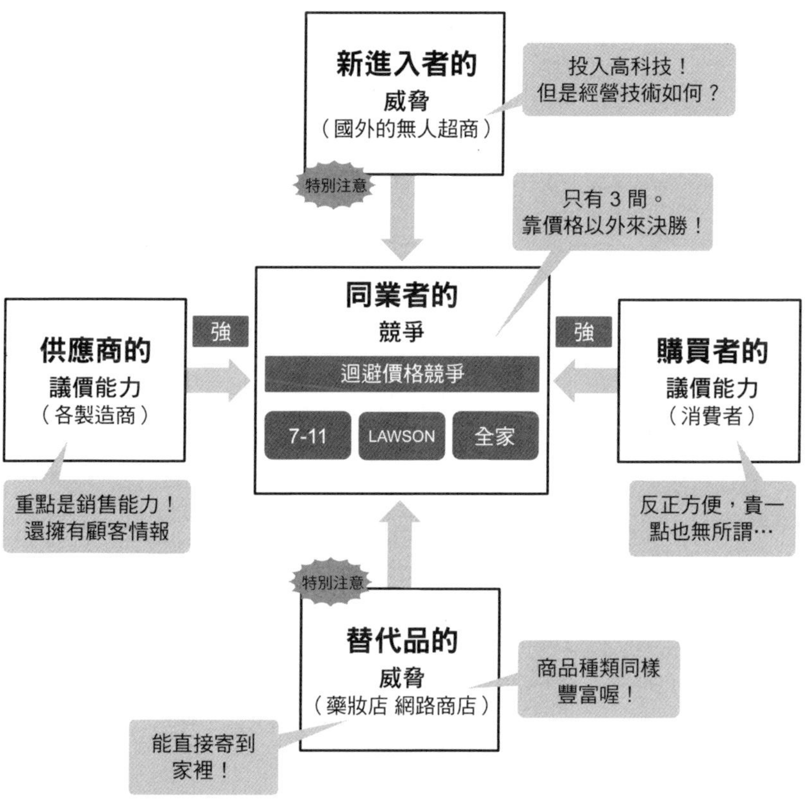

※作者參考《競爭策略》作成

3種「競爭的基本策略」

那麼，要如何在這個業界取勝呢?

波特提出的**作戰方法只有3種，分別是「成本領導策略」、「差異化策略」和「專精策略」**。以下依序介紹。

①成本領導策略

降低成本開銷的策略。為了達到成本極小化，首先要提升銷量，擴大規模，降低每個商品的固定支出，達到「規模經濟」。再來要累積豐富的製造經驗，提升效率，追求「經濟曲線」。

大型便利商店陸續併購中小型店家，達到3大龍頭佔據9成市場的現況，就是各便利商店追求規模經濟和經濟曲線後得到的結果。

②差異化策略

針對顧客的特定需求，刻意訂定高價的策略。此策略最需要的是提升商品價值，使之符合顧客需求，讓顧客「心甘情願地掏錢」。7－11的「金土司」便是採取差異化策略。

③專精策略

鎖定小市場和商品，在該領域稱王的策略。

北海道的便利商店龍頭Seicomart便是靠專精策略獲得成功。Seicomart專攻北海道的地區需求，選用便宜又美味的當地食材，製作每份只要100日圓的自製熟食，徹底奉行「為了避免敗下陣，絕對不離開北海道」的營業方針。下個章節將詳細介紹Seicomart的經營方式。

理解波特的競爭策略，就能避開與競爭對手的消耗戰，獲得開創勝局的靈感，希望讀者們能先掌握此基本策略。

POINT

競爭策略的本質在於避開競爭，創造高收益。

《競爭論》（天下文化）

——先決定要「放棄哪些事」

日本許多電器產品很難被一眼就認出品牌。市面上有很多掃地機器人酷似Roomba卻乏人問津，因為Dyson和Roomba的辨識度極高，跟模仿品有天壤之別。多數日本企業都犯了致命的錯誤，他們分析成功的對手，試圖複製其成功模式，因此推出了許多模仿商品，卻還是難以企及對手的等級。

波特在本書開頭就嚴詞批評這些日本企業：

「日本企業想要『把所有產品賣給所有顧客』，結果只是在互相模仿、競爭、改良而已。日本企業並無採取任何策略。日本企業應該要多學習策略。」

麥可・波特

哈佛商學院教授。哈佛大學特聘教授。1969年畢業於普林斯頓大學航空及機械工程系，1971年取得哈佛大學企管碩士學位，1973年取得同大學企業經營學博士學位，1982年就任同大學史上最年輕教授。著作有《競爭優勢》、《國家競爭優勢》等多數。也是一名活躍於世界各國政府幹部及企業經營者間的諮詢顧問。

本書出版於1999年。到了20年後的今日，這段批評依然適用。

據波特所述，採取策略時應該優先思考的是要「放棄哪些事」。

假設你是名女性，即使帥哥山田和天才鈴木同時向妳求婚，妳也只能選其中1人。

人生需要不斷做選擇，不能兩全其美，這就是「取捨」。

策略也需要取捨。

要捨棄哪位客人，接待哪位客人呢？

要捨棄哪個需求，採納哪個需求呢？

徹底取捨，才能獲得強大的策略。

在北海道打敗7-11的「Seicomart」

3大便利商店龍頭採用的策略極為類似，都先委託製造商生產自有品牌商品後，交給貼有自家商標的外部物流業者，配送到全國各地24小時營業的分店。

活動系統

Seicomart密切串起各種策略活動，形成壓倒性的優勢

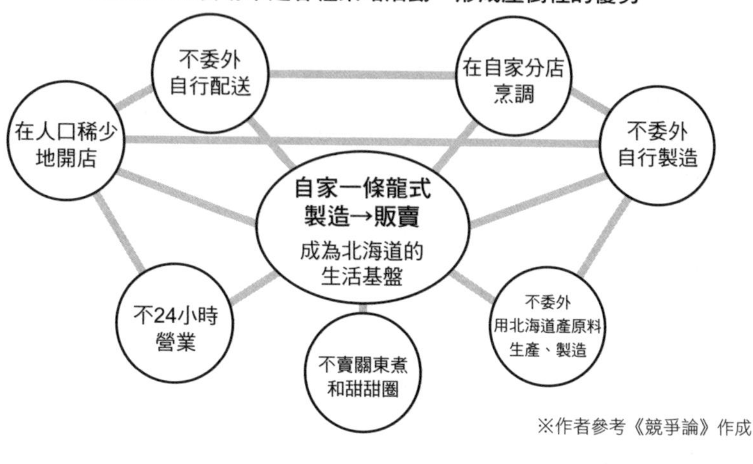

※作者參考《競爭論》作成

另一方面，Book1介紹的北海道市占率第1名的Seicomart，則採取完全不同的策略，明確決定自己要「放棄哪些事」。

首先是不積極往全國各地拓點，分店只集中在創業地北海道。

再來是不追求24小時營業。Seicomart有很多分店位在人煙稀少的村落，有些直營店甚至13點半就打烊。人煙稀少的分店多，業績自然低，利益也會隨之減少。為此，Seicomart選購便宜又美味的北海道食材，於自家工廠製成食品，再用數百輛自家貨車將商品運往分店，把成本壓到最低，因此就算每份熟食只賣100日圓，仍然有賺頭。Seicomart大半的業績都來自自製的北海道產食品。

不僅如此，Seicomart也不生產便利商店龍頭必賣的關東煮和甜甜圈，甚至建議想吃的人「到7－11或LAWSON去買」。

從取捨的觀點來看，Seicomart採用了極為合理的策略。如今，Seicomart已經成為北海道不可或缺的生活基盤。２０１８年北海道地震造成大規模停電時，幾乎所有店家都暫停營業，唯獨Seicomart有95％的分店正常營業。這是他們針對北海道天候地形不斷調整暴風雪和災害對策後得到的成果。

Seicomart決定要「放棄哪些事」，徹底進行取捨，使多項策略活動產生密切交集，成為北海道地區不可或缺的存在，也因此獲得了足以跟超商王者7－11抗衡的力量。

形成壓倒性優勢的「活動系統」

只要公司能讓自家獨有的活動產生交集，就能形成壓倒性的優勢，這就是「**活動系統**」，具體來說就是「使活動產生交集的系統」。

單一活動容易遭到對手模仿，密切交集的複數活動不容易遭到模仿。如果說成功模仿1個活動的可能性是70％，那麼同時成功模仿10個活動的可能性則會降到3%以下（0.7的10次方）。Book34《從A到A+》介紹的「**刺蝟原則**」的本質也是「徹底進行取捨，打造出活動系統」。

從現實面來看，就是要「決定放棄哪些事」，過程一定會遇到不少反對聲浪，像是「只要能力所及，就應該全做了」、「忙著放棄是軟弱的行為」、「這樣業績不會提升」、「太消極了」、「別偷懶」。

不過，從策略面來看，凸顯與對手的差別是最重要的關鍵，若每方面都想沾一點邊，不僅無法展現獨特的一面，還會讓顧客產生「劣質仿冒品」的印象，像盜版Roomba一樣在消耗戰中敗下陣來。必須先鼓起勇氣，決定要「放棄哪些事」。

POINT

制定策略時應思考要「放棄哪些事」，並靠其相乘效果強化優勢。

3 《明茲伯格策略管理》（商周出版）

——「有計畫的戰略」和「創新」會孕育出強大的戰略

亨利・明茲伯格

加拿大麥基爾大學克萊恩講座教授。經營學權威。《追求卓越》的作者湯姆・彼得斯稱其為「全世界最厲害的管理思想家」。著有《The Nature of Managerial Work（暫譯：管理工作的性質）》、《The Rise and Fall of Strategic Planning（暫譯：策略規劃的興衰）》、《閔茲伯格談管理》、《MBA≠經理人》等多本獨樹一格的作品。

戰略企劃室的菁英在董事會上現身。

「根據業界分析的結果，本公司應採取此策略。」他拿出完美的簡報資料，報告著簡潔明朗的經營策略，非常有說服力。

不過，初步策略就獲得成功的案例，其實是少之又少。

被稱為「全世界最厲害的管理思想家」的明茲伯格在本書提到：

「沒有任何策略是透過分析技術開發出來的。策略的構成並非來自分析技術，而是來自人。」

在本書中，明茲伯格將世界各地的策略論分成10大學派，站在客觀的角度闡述各學派的起源。

日本人常有「策略論＝波特的競爭策略」的印象，但實際上，前書跟前前書介紹的波特策略論，只是這10大學派之一而已。

接著來介紹本書格外重視的**創新策略與規劃策略**。

在錯誤中成長的「Seicomart」策略

Ｂｏｏｋ２《競爭論》介紹的北海道市占率最高的便利商店Seicomart，徹底執行「不在北海道以外的地方拓點」、「放棄龍頭超商常見的業務」的策略，堪稱波特的專精策略「決定放棄哪些事」的完美典範。

也許大家會覺得，是因為「Seicomart內部有菁英幫忙制定策略」，但其實Seicomart並非從一開始就採用此策略，而是在經歷無數次失敗後，才終於找到此策略。

Seicomart的創辦人在1960年代曾是一名賣酒業務，他任職的私人酒店不敵連鎖酒店的攻勢，生意慘淡。正當他開始思考「酒店能否轉型」時，恰巧看到便利商店在美國愈來愈盛行的報導。

他心想「照這麼看來，酒店也能朝現代化發展」，於是他開始自學便利商店的相關知識，積極走訪各酒店，說服老闆們「把酒店轉型成便利商店」。

儘管公司內部的反對聲浪不絕於耳，他依然死纏爛打說服老闆轉型，終於在1971年開了首家便利商店。這間便利商店開幕的時間，甚至比7-11的1號店早了3年。

3年後，他離開賣酒的公司，創立Seicomart。

當時是以加盟為主。

不過，他發現若想在北海道拓點，就必須顧及人口稀少的地方，但在這些地方開加盟店會導致收支失衡，因此他決定加開直營店。此外，為了確保人口稀少地的直營店能獲利，他也想辦法讓自家公司一手包辦食品製造及配送。

Seicomart的現任社長表示：「在土地遼闊、人口數量不多的北海道，我們不

優秀的策略是規劃策略與創新策略的結合

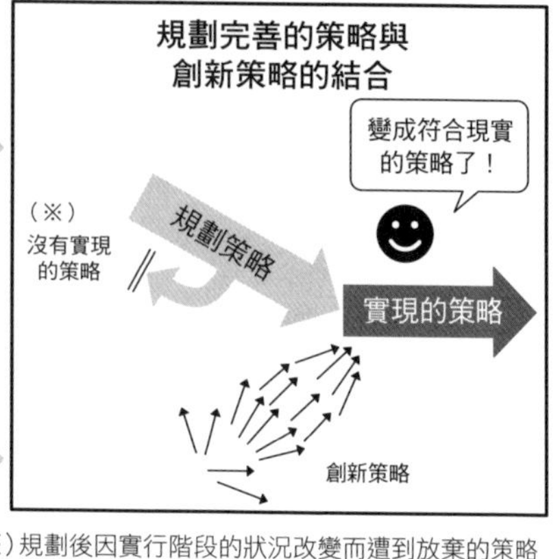

（※）規劃後因實行階段的狀況改變而遭到放棄的策略

※作者參考《明茲伯格策略管理》作成

斷思索企業的生存手段，自然而然就走到今天了。」

由此可知，Seicomart並非從一開始就有今日的策略。

其創辦人一開始是想「靠轉型成便利商店來追求現代化經營，藉此改善酒店業績」，並在創業後**透過實際行動及學習累積經驗，依照實際狀況逐步修正策略，才有了今日的成果。**

實際在經營商業活動時，最初擬定的策略很難一帆風順。

一定會遇到突發事件。經過迂迴轉折後，通常會摸索出跟原本完全不同的策略，等事後回過頭才會驚覺，「當初竟然是靠這種策略成功的」。

從實行中學習及修正，創造出優秀的策略

明茲伯格提到，策略包括從一開始就經過縝密規劃的「**規劃完善的策略**」，以及實際記取失敗教訓後摸索出的「**創新策略**」。

一味依賴「規劃完善的策略」，忽視從實行中學習的重要性，將遭到現實高牆阻攔，無法獲得成功。一味依賴遇到瓶頸時突發的創新想法，會在實際執行過程中迷失方向，同樣無法獲得成功。

波特在Book2《競爭策略》寫到對日本企業的批評：

「日本企業想要『把所有產品賣給所有顧客』，結果只是在互相模仿、競爭、改善而已。日本企業並無採取任何策略。日本企業應該要多學習策略。」

針對此批評，明茲伯格在本書回應：

「從TOYOTA等驚豔的成功案例來看，日本企業哪裡需要學習策略，他們甚至該把策略的概念傳授給波特。」

明白「規劃完善的策略」和「創新策略」的結合有多麼重要後，肯定能理解明茲伯格話中的含意。

明茲伯格絕對不是在全盤否認波特。

他依然在本書讚揚波特提出的策略理論。

他只是在支持波特的前提下反駁：「波特那套『只要靠規劃完善的策略就好』的想法不管用。大膽修正從實務中得到的教訓，才能創造出優秀的策略。」

明茲伯格大力批評空有理論的經營理論，他認為「**好的管理者絕對不會在教室裡教學**」，而是會重視實務，**達到Art（直覺）、Craft（技術）和Science（科學）3方面的平衡**。這對在第一線奮鬥的商業人士們來說，無疑是最大的鼓勵。

根據經營理論思考原始策略後，透過現場學習達到創新進化，才能孕育出優秀的策略。

先思考「規劃策略」後，用「創新策略」強化實務學習的成果。

4

《瞬時競爭策略：快經濟時代的新常態》——變化正是機會

（天下雜誌）

莉塔・岡瑟・麥奎斯

哥倫比亞大學商學院教授。為瞬息萬變經濟環境提供策略的權威，在世界各地都備受好評，也為皮爾遜、可口可樂、GE等企業提供諮詢服務。分別在2011年及2013年經世界級「Thinkers 50」選為「最有影響力的20位商業思想家」及「推特最應該追蹤的10位商學院教授」之一。

搞笑藝人其實不好當，很多人靠自創的搞笑段子爆紅後，觀眾不再買帳，淪為曇花一現。由此可知，過往的「競爭優勢」並不一定能持續下去。

存活下來的搞笑藝人，會不斷想出新的搞笑段子。

現代企業就像搞笑藝人一樣，即使「想將競爭優勢延續下去」，搞笑段子也會在轉眼間超過保鮮期。本書作者麥奎斯認為，「持續競爭優勢的時代已經結束，**現在必須不斷創造並即時掌握瞬時競爭優勢**」。

雖然麥奎斯在日本的知名度不高，但身為策略研究專家的她，早已被有「商業思想界的奧斯卡」之稱的Thinkers50選為「最有影響力的20位商業思想家」。

麥奎斯從全球市值超過10億美元的5千家上市公司中，選出從2000年起的10年間，每年的營收和淨利至少成長5%的10家公司進行分析。

這10家持續成長的公司都擁有將「瞬時競爭優勢」維持下去的能力。

麥奎斯在本書介紹這10家公司的6個共同點。

共同點1 兼具穩定性與敏捷性，積極改變

這10家公司都兼具**穩定性**與**敏捷性**，而且時常在改變。

也許大家會想，「『在維持穩定的同時敏捷行動』，這句話也太矛盾了」，但其實是能同時辦到的。若用人來比喻，就像這樣的人：

「秉持著一貫的遠大目標，重視周圍的人際關係。發現問題時能迅速判斷，甚至不惜放棄從過去一直堅持到現在的事情，但目標從不動搖。」

保持一貫性，維持穩定的方法為：①制定明確的策略，設定遠大的目標。②在公司內部建立共通的價值觀與文化。③重視員工的學習能力培育人才。④展現

出策略始終如一的領導風範。⑤維持與合夥企業間的穩定關係。

維持敏捷度，持續變化的方法為：①積極實施小型改革。②嚴禁部門壟斷經營資源（人才、工具、資金）。③每季重新擬定策略及重新分配經營資源。④不靠偶發事件尋找創新思維。⑤花少許初期成本投資新事業，發現沒希望就立刻收手。

這兩種狀態會產生綜效，使企業持續獲得瞬時競爭優勢。

共同點2 抓準衰退的前兆，適時撤退

數位相機登場後，傳統底片機的市場消失。

深根底片市場的柯達面臨破產的命運，富士軟片則抓準市場衰退的前兆，決定退出市場，轉型成立新事業，成功存活下來。

在2000年時，富士軟片的底片業績占了總業績的6成，是收穫3分之2業績的主要事業，但從隔年開始，底片市場卻以每年20～30%的速度急速縮小。

其實只要仔細觀察，就不難發現事業衰退的前兆，但公司幾乎都把心力放在每天的大小業務上，容易錯失重要情報。

我們必須留意能取代自家商品或服務的新技術，時常確認顧客的可接受度，確保能夠迅速對應的能力。

共同點3 重新調配資源，提升效率

富士軟片決定撤離底片市場後，一口氣統整了旗下的底片工廠、沖印店和特約店，提升業務效率，同時整理出自己的專業技術，大膽投資新材料、健康管理等新型態事業。

公司必須像這樣將衰退事業的經營資源迅速移動到成長中的市場。也必須改變以「持續競爭優勢」為前提的傳統資源分配方式。

此時會遇到的最大難題是各部門挾持公司的經營資源當作人質，壟斷人才、工具和資金，因此必須改由公司統一管理經營資源。

共同點4 熟悉創新思維

想打造新事業必須就開創新思維。

人們往往認為「創新思維成功與否是一場賭注，不想做有勇無謀的舉動」。

隨機應變的成功率確實很低，但若先學會本書第 3 章「創新」介紹的系統方法論，並聰明運用，依然有很大的機會能得到創新思維。最重要的是必須改變想法，不要「逃避失敗」，而是「從失敗中學習」，不要「制定計畫」而是「做實驗」。

共同點 5　改變想法

有個詞叫做「比目魚員工」，形容像比目魚一樣一直往上看，只會巴結上司，絕對不會反抗的員工。

在過去推崇持續競爭優勢的年代，員工總被要求要精益求精。而且大家都愛聽肯定當下的「好話」，因此比目魚員工也備受喜愛。

然而，在持續競爭優勢滅絕的現代，早一步察覺變化顯得更加重要。若無法即時掌握問題，只會浪費掉寶貴的時間。

拖延愈久損失會愈大，就連以往的成功案例也需要慢慢改變。因此，領導者應及早察覺「是否有任何事物已過了保鮮期」，坦率承認事實，坦然接受變化。

在現代社會中，只會阿諛奉承的比目魚員工已經失去存在價值，只重視比目

在瞬時競爭優勢的世界裡改變想法

舊想法		新想法
・優勢會持續	⇒	・優勢一下子就會消失
・現在的做法有哪些優點？		・老實說，現在做法哪裡有問題？
・喜歡聽好話		・喜歡聽壞話
・不惜拖延也要重視正確性		・做八成就好，重視速度
・重視預測		・重視假設

※作者參考《瞬時競爭策略》作成

魚員工的公司也遲早會走下坡。

共同點6 同時考慮個人受到的影響

持續競爭優勢的時代重視對組織的忠誠度，個人追求在公司內部的升遷，組織也把人才牢牢綁住。不過，到了瞬時競爭優勢的時代，個人在組織裡的定位也有了變化。企業若想維持瞬時競爭優勢，就必須追求個人的新知識與能力，還需要與外界建立聯繫。就像Book50《社交網路論》提到的「能牽起許多『微弱聯繫』的人才」。這類人才將成為企業的依靠，他們才會有超越組織框架的活躍表現。

對我們來說，「不依靠公司，考慮自己的資歷，培養自己的技術」的想法變得非常重要。

也就是說，這是個懂得自律的人才能大顯身手的時代。不斷精進自我的人，即使丟掉現在的飯碗，也能輕鬆找到新的出路。

現在這個世界愈來愈接近書中描述的情況。這情況看似巨大的威脅，其實也是絕佳的機會。死對頭的競爭優勢不會永遠存在，人人都有機會，只要用對方法就能獲得巨大的成功。

本書明確地提示我們，在這個瞬息萬變的現代社會中，我們應該如何行動。

POINT

在競爭優勢無法長久持續的現代，必須擁有發現及解決問題的能力。

5

《好策略・壞策略》（天下文化）

——為什麼會產生「壞策略」呢？

人們常說「這個策略很合理」或是「這個策略不合邏輯」。

本書將這些策略分成「**好策略**」和「**壞策略**」，並詳細說明兩者的差異。

其實我們容易不小心想出「壞策略」。

魯梅特是世界級的策略論及經營理論權威，但著作不多，在日本的知名度還不高。

本書於２０１１年出版，是魯梅特睽違30年出版的第２本作品。《經濟學人》雜誌評選他為「當今管理概念和企業實務最具影響力25名人物之一」。

魯梅特

加州大學洛杉磯分校安德森管理學院（Harry & Elsa Kunin紀念講座）教授。被稱為「為策略家而生的策略家」。為多數知名企業、非營利組織及多國政府機關提供諮詢服務。

「好策略」簡單明瞭。

1805年，拿破崙計畫侵略英國本土。他派出33艘法西聯合艦隊的戰艦，在特拉法加角與27艘英國海軍戰艦交戰，爭奪英吉利海峽的制海權。

當時艦隊的標準戰術是兩軍互用艦砲射擊，展開近戰。

但英國海軍的納爾遜中將顛覆傳統，派英國艦隊從側面包圍敵人。最終敵人損失22艘戰艦，英國損失0艘戰艦，平安脫離危機。

納爾遜是想分散數量多於我方的敵艦。敵方砲手的技術不純熟，再加上當天海上波濤洶湧，納爾遜推測「敵方艦隊無法準確攻擊突襲的英國艦隊」，因此決定賭一把，命令艦隊直接突襲。只要能使敵人陷入混亂，失去統率力，我方就能取勝。

就像這樣，**「好策略」其實相當單純**。找出當前局面的決定性要素，鎖定目標投入兵力。

然而，這個世界上的「壞策略」卻是壓倒性地多。

壞策略有4大特徵。

納爾遜中將看透局面，制定單純的策略

傳統的戰術	納爾遜中將的策略
用大砲互相攻擊　　接著展開近戰	鎖定 ➡「把數量多於我方的敵艦分散！」 分析 ➡「敵人沒有精準的射擊技術」 策略 ➡ 從正面襲擊，分散敵人 （雖然前艦的風險大，但被射中的機率應該不高）

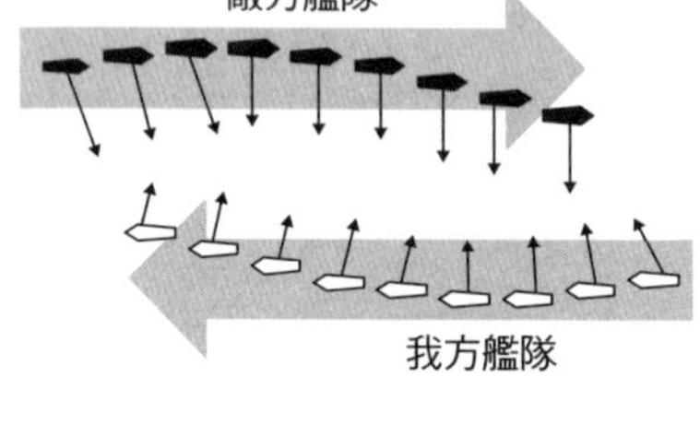

法西聯合艦隊

英國艦隊

※作者參考《好策略．壞策略》作成

特徵1　內容空洞

某大銀行的基本策略是「提供以顧客為主的仲介服務」。

但這原本就是銀行的業務之一。該銀行用了一大堆晦澀難懂的文字，將之包裝成艱深複雜的服務，實際上內容非常空洞。我們不能忘記，最重要的永遠是「內容」。

特徵2　忽視重大的問題

某家經營不善的公司給魯梅特看了他們請顧問製作的一大疊「統整策略」。從這份計畫看來，該公司從明年起將會急速成長。

他們先將各部門提出的「願景」、「策略」和「目標」輸入範本，再由顧問進行統整。這份資料的內容相當詳盡，乍看之下無懈可擊，

卻完全沒提到經營不善的原因，也沒提供任何解決對策。

這間公司經營不善的真正原因，其實是內部人員過剩，導致組織整體失去效率。無視此問題，還沒分析就急著制定策略，根本不可能成功。

特徵3 把目標跟策略混為一談

魯梅特曾接受某位老闆的委託。

「本公司的策略目標是業績成長2位數，為了實現這個目標，我們正在激發全體員工的士氣，但員工絲毫沒有『絕對要贏』的強烈意志，希望你能幫我領導他們。」

這位老闆提出的策略並非策略，只是自己的一廂情願。他沒發現自己已經把「要如何達成目標」的問題直接丟給下屬了。所謂的策略目標，必須具體且明確，就像「派艦隊從正面突襲，分散敵人後獲勝」一樣。

特徵4 單純的資料總集

美國某市長給魯梅特看了市委會制定的策略。

內容共有47個策略，178個行動計畫。據說當魯梅特看到第122個行動計畫「製作策略計畫」時，不禁露出苦笑。單純的資料總集並不是策略。不分析問題，不認真思考，不做選擇，就會導致壞策略產生。

魯梅特分享他參加DEC公司策略會議的經驗。DEC過去曾是迷你電腦界的龍頭，這次是因為市佔率急速降低，所以召集幹部討論解決方案。

A先生：「今後應全心全力製作更好用的產品。」

B先生：「這樣馬上就會遭到取代，應為顧客的需求提供解決方案才對。」

C先生：「半導體技術才是關鍵，應專心研發半導體晶片。」

3人各持己見，誰也不讓誰，執行長看不下去，要大家「趕緊統整意見」。

這場策略會議的最後結論是「DEC會致力於提供高品質產品及服務，期許靠資料處理技術爬上業界頂尖」。

這個可有可無的折衷案，完全稱不上策略。DEC的業績持續委靡不振，該名執行長也遭到撤換。

好策略有「核心」

從結果看來，幾乎人人都能想出納爾遜中將的「好策略」。

但**策略最大的困難之處在於「選擇」**。在Book2《競爭論》有提到，波特認為「制定策略時，應優先考慮要放棄哪些事情」。若不做決定或選擇，任何策略都將淪為壞策略。「好策略」是一套與堅強的「核心」協調一致的行動，「核心」包含3個要素，分別是**「診斷」**、**「指導方針」**和**「行動」**。

魯梅特舉了IBM的執行長葛斯納在改革IBM時使用的策略，此策略在Book39《誰說大象不會跳舞？》會再詳細介紹，這裡先整理重點。

診斷

跟醫生看診一樣，任何事情必須先掌握狀況，鎖定要解決的問題。

當時的電腦業界分工極細，各企業分別專精於電腦、晶片、軟體、OS等領域，世人多認為「IBM的事業版圖過於龐大，應該想辦法解體，減輕重量」，但葛斯納卻是這麼想的：

「在這個分工作業的業界中，能同時專精所有領域，對顧客來說絕對是加分的。問題在於沒有活用綜合技術。我們應加強統合，提供顧客導向的解決方案。」

指導方針

鎖定問題後，指出最大的指導方針。葛斯納明確指出「為顧客提供客製化解決方案」的方針。

行動

實行指導方針時，必須採取維持一貫性的具體行動。葛斯納強化服務與軟體事業，打破ＩＢＭ的禁忌，如果顧客有需求，也會採用其他公司的產品。

策略的必要條件是正向面對、分析問題，選擇「要做的事」和「不做的事」，建立明確的方針，採取具體的行動。

有時會遇到「策略好，實行失敗」的情況，但其實這種策略本來就不是好策略，**好策略還包括明確的行動指針**。

策略只是假說。優秀的科學家會運用知識，思索出能揭開未知世界真面目的假說，並驗證該假說的正確性。

在商業領域也是如此，好策略只是「這麼做應該能順利成功」的假說。想踏入未知的世界，就必須基於已知的事實設定假說後，實際驗證。

有助於策略思考的3個技巧

米蘭的濃縮咖啡吧讓舒茲大為感動，這段經驗成為他創辦星巴克的契機。他設定的假說是「美國人總喝又淡又難喝的咖啡，這種濃縮咖啡在美國一定會大受歡迎」，所以他在美國開了一間小型濃縮咖啡吧。他邊觀察顧客的反應，邊調整出符合美國人喜好的咖啡。這正是星巴克的起源。

「**設定假說↓收集資料↓設定新假說↓收集資料……**」必先經過這樣一段反覆學習的過程。以下介紹3個能幫助此策略思考的技巧。

技巧1 經常回顧核心思考方式

養成經常回顧「診斷、指導方針、行動」這3個要素的習慣，策略就不會偏離正軌。若無法同時回顧所有要素，可以先回顧其中1個要素就好，這樣也有機會聯想到其他2個要素。

技巧2 準確鎖定問題點

不要想著「要做什麼」，而是要經常想著「為什麼要做」。鎖定問題點，隨時意識著問題，策略就能保持協調一致。未經全面判斷就決定「這麼做」，並不是好策略。

技巧3 破壞原案

很多人會執著於最早提出的原案，但照著最初的想法制定策略，其實是產生壞策略的典型例子。最初的原案只是「試行辦法」，當我們確定事實，徹底檢視，找出弱點，發現矛盾後，必須摧毀試行辦法，才能催生出好策略。

魯梅特會在腦中召開「虛擬賢者會議」。在腦中想像大師級人物，與其對話，想像「老師會怎麼回應」，藉此獲得富含啟發性的正確評價。

若想擁有當今所有商業人士必備的「思考策略的能力」，本書絕對能派上用場。

POINT

好策略包括鎖定問題、簡潔的解決方法和具體的行動。

6

《競合策略：商業運作的真實力量》（雲夢千里）

——不只有贏過對手才是才能

亞當・布蘭登伯格

紐約大學史騰商學院講座教授。出生於倫敦。專攻賽局理論、情報理論、認知科學。在研發賽局理論新領域的同時，探討賽局理論應用於企業策略的新方法。同時也任紐約大學坦登工程學院傑出教授、國際網路教授。

「要徹底擊潰宿敵！」

不少人會有這種想法，但商場上並非只有「勝敗」。

很多人為了取勝，與對手展開無止盡的削價競爭，導致兩敗俱傷。

現實世界中的商業活動，比起競爭更像一場賽局，或許「有勝有敗」，也或許「雙方皆勝」。賽局理論能教我們參與賽局的方法，本書用淺顯易懂的方式介紹賽局理論。

本書的重點如下所示，試著用蘋果派來比喻價值。

製作蘋果派（＝價值）時，與對手協調。
切蘋果派（＝價值）時，與對手競爭。

從下一頁的價值關係圖就能看出，在賽局理論中，商業活動的關係者是參賽者，稱為「**參與者**（Players）」。如圖所示，參與者共有5種類型。

重點在於「**互補生產者**」和「**競爭者**」。

互補生產者是能提高自家產品在顧客眼中價值的參與者。以麵包店為例，奶油和果醬就是互補生產者。換句話說，互補生產者是能一同提升價值（＝蘋果派）的好夥伴。

競爭者是會降低自家產品價值的參與者。對麵包店來說，附近的麵包店就是會瓜分價值（＝蘋果派）的競爭者。

供給者的關係跟顧客關係同樣重要，企業有時候也會爭奪競爭者和供給者。即使同為參與者，也有可能會牽扯到複數價值。

JAL和ANA同為爭奪乘客（顧客）和航空設施（供給者）的競爭對手，但在委託波音、空中巴士（供給者）研發飛機時，為了降低飛機調度成本，這兩

價值關係圖

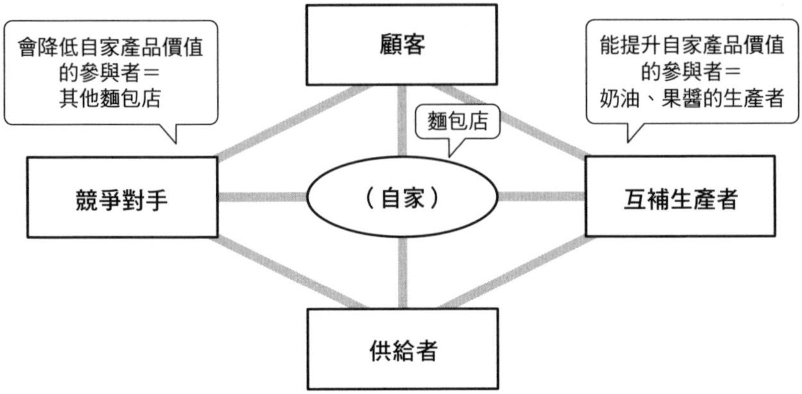

顧客

會降低自家產品價值的參與者＝其他麵包店

能提升自家產品價值的參與者＝奶油、果醬的生產者

麵包店

競爭對手

（自家）

互補生產者

供給者

※作者參考《競合策略》作成

間公司會成為互補生產者。公司和公司間的關係不只有一種。

商場如賽局，改變賽局能使商業活動更有利。

賽局是由**參與者**（**Players**）、**附加價值**（**Added values**）、**規則**（**Rules**）、**戰術**（**Tactics**）、**範疇**（**Scope**）5大元素構成，取首字母簡稱為PARTS。

①參與者（Players）

最重要的是必須站在顧客的角度思考，自己的參與會使遊戲出現怎樣的改變。

「阿斯巴甜」是比砂糖甜2百倍的代糖，是可口可樂和百事可樂長年使用的產品原料。當美國的孟山都公司持有阿斯巴甜的專利權時，獨佔了整個市場，等專利權到期後，荷蘭的HSC公司也開始生產阿斯巴甜，試圖用更便宜的價格賣給可口可樂和百事可樂。原本可口可樂和百事可樂都很歡迎HSC加入市場，但最後這兩家公司依然沒向HSC下單，而是繼續使用孟山都的阿斯巴甜。為什麼可口可樂和百事可樂不向HSC購買呢？

孟山都獨佔市場時態度強硬，等HSC進入市場後，孟山都的交涉籌碼減少。多虧如此，可口可樂和百事可樂就算不替換掉實績和評價都極為優秀的孟山都，也能交涉到更便宜的阿斯巴甜。

原本HSC在參加這場阿斯巴甜的「賽局」後，可望為可口可樂和百事可樂帶來極大的價值，但HSC卻將這份價值免費奉上了。

站在可口可樂的立場來看，HSC大可「在進入市場前先跟可口可樂交涉，先確保客戶」。從不同的角度切入賽局，也是必要的。

像這樣綜觀所有參與者，就能跳脫單純的「勝負」觀點。

即使從「勝負」觀點看來，顧客的提案看似大好機會，他也有可能只是想把你當跳板，迫使他原本的供給者壓低價格。

增加顧客、供給者、互補生產者等參與者，能帶來很多好處。顧客增加，就不必依賴特定顧客，更有立場跟顧客交涉。供給者增加，就不必依賴特定供給者，正因如此，可口可樂才樂見新供給者HSC打入原本被孟山都獨佔的市場。

互補生產者增加，商品價值也會提升。就像能支援的遊戲變多後，遊戲機的價值會跟著提升一樣。

競爭對手增加，也有機會得到利益。豐田為了普及油電混合車，把技術提供給其他車輛製造商。等其他業者參與競爭後，環保車市場的知名度也愈來愈高。

②附加價值（Added values）

「附加價值」決定了在這場賽局中，誰有足夠的力量獲得利益。

附加價值的關鍵是「稀有性」。空氣是生存的必要條件，但不用花任何一毛錢；鑽石不是人類生存的必備品，但要價不菲。

大家常認為「是因為鑽石不易挖掘，稀有性高」，事實上鑽石的產量正在不斷增加。

幾乎所有的鑽石都是經由戴比爾斯的流通系統販售。戴比爾斯限制了鑽石的供應量，所以鑽石才會如此昂貴。

不僅如此，「鑽石恆久遠，一顆永流傳」這句話也是戴比爾斯為了「減少鑽石轉賣量」而想出的廣告詞，想呼籲全球購買者永久持有鑽石。戴比爾斯透過此宣傳標語減少鑽石轉賣量，並限制供應量，營造出鑽石的稀有性，提高其附加價值。

當商品熱賣、供不應求時，多數企業會趁機增加產量。

但供應量增加後稀有度會降低，等於失去了與顧客交涉的籌碼。

光從附加價值的觀點來看，只要供應量減少，稀有度增加，附加價值就會隨之提升。

只是有利也有弊。當供應量不足時，原先預計能達到的目標業績減少，交易關係喪失，沒買到的顧客也有可能會心生不滿。

因此我們還必須**站在顧客的角度掌握自己的附加價值（＝稀有性）**。

小工廠經營者吉田先生，提供同樣的產品給A公司的4個部門，但4個部門都要求不同規格的訂製品，吉田先生會依照部門需求進行微調。

他認為「再這樣下去不是辦法」，便建議A公司：「請統一產品規格，這樣我也能壓低成本，能賣得更便宜一點。」A公司欣然接受。

之後，有好幾間規模更大的競爭對手向A公司報了更便宜的價格。

A公司的訂製品原本只有吉田先生能製造，他卻將規格統一，導致市場擴大，使大企業有機可乘，用更便宜的價格打入市場。

吉田先生自行貶低了他人無法仿效的附加價值（＝稀有性）。

③規則（Rules）

規則會決定賽局的方向，而規則是能夠改變的。

對零售業來說，降價特賣是理所當然的行為，但總有些客人會刻意等到下次特賣才購買。

想靠特賣大賺一筆，平時當然也想要有業績。為此，宜得利和沃爾瑪等公司決定採用ＥＤＬＰ（Everyday low price）策略，以「每日保證最低價」取代降價，改變了「要等特賣時才能便宜賣」的業界規則。

④戰術（Tactics）

人們的認知會影響到賽局。認知能靠戰術改變。

微軟的「Power Point」現在已經是簡報軟體的代名詞，但上市初期其實不受歡迎。

當時大家都習慣用其他公司較早推出的軟體，但微軟不想輕易降價，於是便將維持原價的Power Point跟受歡迎的Word和Excel組成套裝軟體「Microsoft Office」，讓消費者產生「能免費使用高價軟體」的錯覺，使Power Point躍升主流軟體的行列。這也是戰術的一種。

⑤範疇（Scope）

賽局的境界線也可以改變。可以連接其他賽局，改變賽局的範疇。給飯店住宿客餐廳折價券，等於把住宿和飲食這兩個賽局連接起來。

賽局的應用

某家電的日本販賣代理商引進國外製造商的家電產品，獲得銷售佳績。隨後，該國外製造商直接在日本成立子公司，收回代理商的代理權。該販賣代理商決定「重頭來過」，重新尋找其他國外商品，將之代理到日本販賣。

日本企業正因為不曉得賽局理論，所以才無法善加利用「能使新商品暢銷」這個強項。

掌握對手的底細非常重要。

希望比較不擅長交涉談判的商業人士都能讀一下。

POINT

學會在賽局理論中「獲勝的規則」！

7 《競爭大未來》（智庫）

——開創未來是我們真正的優勢

蓋瑞・哈默爾、C. K.普哈拉

哈默爾是倫敦商學院客座教授，專攻策略與國際管理，也是名經營論、策略論專家，為全球企業提供顧問服務。普哈拉生於印度，1975年取得哈佛大學商學院博士學位，是名企業策略論研究者，為許多全球企業提供顧問服務，數度獲選「全球最有影響力的管理學者」。

本書於1995年出版，當時的日本企業在全球具有壓倒性的優勢。美國企業則是剛脫離漫長的低迷狀態，剛進入成長階段。

本書期許美國企業能「磨練自身的優勢，開拓未來」，因此將書名取為《競爭大未來（Competing for the Future）》。

本書提到SONY、HONDA、SHARP、TOSHIBA等成功的日本企業，但諷刺的是，這些日本企業在本書出版後持續委靡不振，反倒是美國企業加速成長。為什麼日本企業會陷入低潮呢？

核心競爭力（饅頭內餡）能創造出產品

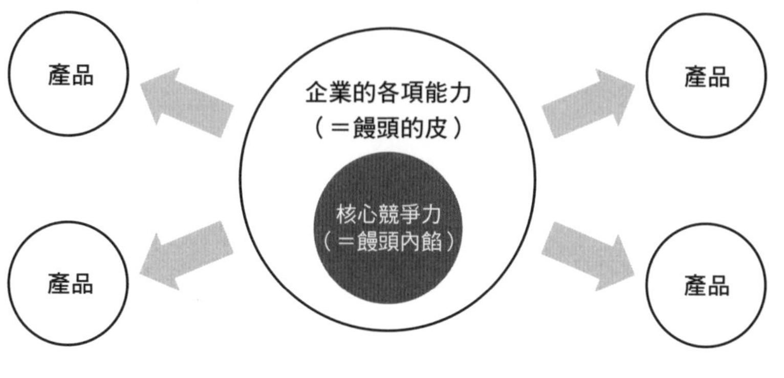

※作者參考《競爭大未來》作成

我認為是因為**多數日本企業都疏於磨練「自身的優勢」，甚至主動放棄優勢**。若想學習過去日本企業擁有的「優勢」，本書極具參考價值。接著來看這些優勢的重點。

核心競爭力是競爭力的泉源

「自身的優勢」是開拓未來的原動力。本書將自家公司才擁有的優勢稱為「**核心競爭力**（core competence）」。「core」是「核心」，「competence」是「競爭力」，核心競爭力就是「能成為核心的競爭力」。

舉例來說，我很愛吃日式饅頭。我經常會想「如果能把饅頭的皮做到最薄，裡面塞滿餡料就好了……」若將公司比喻成饅頭，核心競

「核心技術＋顧客利益」能創造出具優勢的產品

企業	核心技術	顧客的利益	產品
SONY（1950～00年代）	結合電子＋機械技術的小型化技術	具攜帶便利性	隨身收音機、隨身聽、隨身攝影機
HONDA（1970年代）	引擎技術	省油、符合排氣限制	初代Civic
SHARP（1970～00年代）	液晶螢幕技術	薄型化、小型化、省電	計算機、電子記事本Zaurus、液晶電視
	此組合即為核心競爭力		具競爭力的產品

※作者參考《競爭大未來》作成

爭力就是在公司的所有能力中最美味的內餡。

核心競爭力包括「**核心技術**」和「**顧客利益**」，能藉此創造出強大的產品。

過去SONY的核心技術是「小型化技術」。SONY以電子技術結合機械技術，縮小產品體積，提供給顧客「攜帶便利性」的價值，開發出隨身收音機、隨身聽、隨身攝影機等令消費者驚喜連連的商品。

HONDA的核心技術是「力臻完美的引擎技術」。1970年代，日本和美國都遭到嚴重的空氣汙染威脅，當時還施行了全球最嚴格的排氣限制。HONDA利用CVCC引擎技術，研發出節能且符合排氣標準的初代Civic。Civic上市時正逢石油危機，汽油價格上漲，省油的Civic在全世界都大受歡迎。

過去SHARP的核心技術是液晶技術，利用液晶技術縮小產品的尺寸，達到省電功效。之後SHARP陸續推出小型計算機、電子記事本Zaurus、液晶電視等人氣產品。

如以上實例所示，核心競爭力能創造出具有競爭力的產品。

不過，若以10年為單位來看，原本專屬自己的核心技術，有可能變成人人都會的普通技術。

「小型化」和「攜帶性」曾經是SONY的核心技術，但現在Apple、Samsung等手機公司也都擁有此技術了。

他人就算無法模仿獨門內餡，總有一天也會研發出同樣美味的內餡。**核心競爭力也是如此，必須長期持續鍛鍊，積極培養新的核心競爭力（＝美味內餡）**。

重新審視核心競爭力後成功復活的「Unicharm」

開發產品跟短跑很類似，比賽誰能先將產品送入市場。

創造核心競爭力的過程則像結合了長泳、180公里單車競速及馬拉松的鐵

掌握核心競爭力，追求新成長

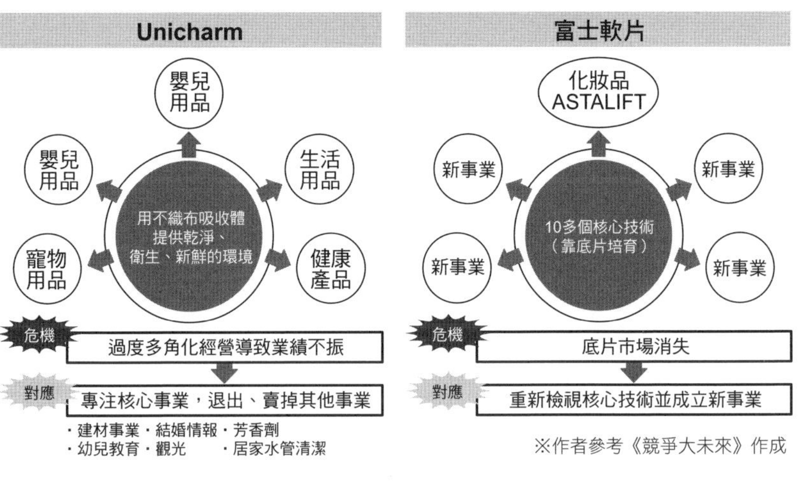

※作者參考《競爭大未來》作成

人3項競賽。就如同結合了多種比賽項目的鐵人3項，核心競爭力也是由多項要素結合而成，必須掌握這些要素，並且耐心培養。

然而，企業經常忽視自身的核心競爭力。

當公司面臨危機時，掌握核心競爭力顯得更加重要。我們來看幾個重新檢視核心競爭力後順利成長的日本企業。

Unicharm在2002年業績蕭條時，徹底檢視核心競爭力，確定自身的核心競爭力是：

「利用不織布吸收體的加工、成形技術，提供乾淨、衛生、新鮮的舒適環境」。

前面的「不織布吸收體的加工、成形技術」是核心技術，後面的「提供乾淨、衛生、新鮮的舒適環境」是顧客利益。於是，Unicharm決定把重心放在能活用此核心競爭力的5個事業，退出其他事業。像這樣強化自身優勢後，Unicharm逐漸成長，躍升國際企業。

我用圖表說明了Ｂｏｏｋ4《瞬時競爭策略》和Ｂｏｏｋ9《動態能力策略》也有介紹的富士軟片實例，請務必參考。富士軟片也是在重新檢視核心競爭力後成功復活。

反觀SHARP，卻是主動捨棄了自己的核心競爭力。

過去SHARP的賣點是將核心技術「液晶技術」應用在新商品上，但自從液晶電視扛下大半業績後，SHARP開始重點投資屬於產品技術的液晶電視，忽視核心技術的投資。等到液晶電視逐漸衰退時，SHARP無力推出新的重點商品，業績持續低迷，現在被外資收購，準備東山再起。

本書舉了許多日本企業的成功實例，自從出版至今已過了24年。

有些企業在這段期間磨練或重新檢視核心競爭力，業績蒸蒸日上；也有些企業無法掌握自身的優勢，業績持續低迷，甚至面臨破產。

儘管多數企業都擁有「自身獨特的優勢」，絕大多數的商業人士卻無法理解

「企業優勢」的構造。本書一定能讓身於現代的我們獲益良多。

POINT

徹底掌握「核心技術×顧客利益」後創造出產品，才是成長的關鍵。

8

《策略管理與競爭優勢》

——企業的優勢在於經營資源

（華泰文化）

傑・巴尼

美國俄亥俄州立大學菲舍爾商學院企業策略首席教授。策略理論家，是美國經營策略界發展資源基礎觀點的領航者。為惠普、德州儀器、美國機車公司等企業提供顧問服務。也是一名教育家，在任職的3所大學共獲得5座教育獎項。

我家附近是蛋糕店的一級戰區，有間蛋糕店叫做唐吉軻德，天天都大排長龍。跟其他蛋糕店比起來，這間蛋糕店的蛋糕確實是極品。

我家附近也是零售業的一級戰區，但唐吉軻德的生意還是好得嚇嚇叫。

手機業界也是如此，儘管蘋果的iPhone要價不菲，果粉依然趨之若鶩。每當新一代iPhone問世後，其他品牌會開始爭相模仿，但實際比較後，常發現其他品牌「就是差了一點」。

就像這樣，即使在競爭激烈的業界，依然會有業績長紅的公司。

因此，本書作者巴尼認為，

「公司的業績並非取決於業界競爭的激烈程度，應該是取決於公司的經營資源。」

舉例來說，雖然人們常用「日本汽車品牌」來統稱，但徹底追求效率的TOYOTA生產方式，以及HONDA的引擎技術，都是其他品牌無法輕易模仿的。身處同業界的公司，儘管表面相似，骨子裡也大有不同。

每家企業都有不容易遭到模仿的獨特經營資源（resource）。

以經紀公司傑尼斯事務所為例，其旗下有許多知名藝人，擁有大量的藝人培育技術，在演藝圈的影響力也非常大。就像這樣，經營資源是由企業擁有的人才、能力及專業知識結合而成。

在探討企業競爭力時將焦點放在經營資源上，就是巴尼提倡的「**資源基礎觀點（RBV）**」，具體來說就是「以經營資源（resource）為基礎的觀點（view）」。

這本書分成上、中、下3集，從RBV的觀點出發，統整世界各地的企業策略論。接著來一探RBV的真面目。

VRIO架構……這是真正的優勢嗎？

顧客的價值（Value）	No	Yes	Yes	Yes	Yes
具稀有性（Rarity）		No	Yes	Yes	Yes
不可模仿（Inimitability）			No	Yes	Yes
有組織架構（Organization）				No	Yes
	弱勢	優勢	獨特優勢		獨特優勢（能維持）

是否具價值及稀有性，並且不易遭到模仿呢？
是否也有完整的組織架構呢？

※作者參考《策略管理與競爭優勢》作成

能瞭解企業優勢的「VRIO」

RBV的架構是VRIO，是由以下4個詞的首字母組成。

①是否有價值（Value）？
②是否具稀有性（Rarity）？
③是否不可模仿（Inimitability）？
④是否具組織架構（Organization）？

「**在顧客眼中有價值，具稀有性，不易遭到模仿，有完整的組織架構**」，這樣的經營資源正是企業的優勢。

以大排長龍的蛋糕店為例。

【①價值】口味堪憂的蛋糕店就算主張「本店的優勢是美味」也沒用，因為此優勢必須基於顧客能從中感受到價值，覺得蛋糕「好吃」。

【②稀有性】即使顧客能感受到價值，若其他店也做得出同樣的味道，就不是「獨特的優勢」。我們能從最經典的「草莓奶油蛋糕」看出蛋糕店的實力。這間店的奶油蛋糕雖然外表普通，但鮮奶油不油不膩，甜度適中，高級的草莓跟鬆軟的海綿蛋糕也是天作之合，在別間店絕對嚐不到這樣的口感。

【③不可模仿】就算有「獨特的優勢」，若容易模仿，立刻就會遭到複製。神奇的是，這間店的草莓奶油蛋糕明明外表看似普通，別間店卻模仿不來。

【④組織架構】若有完整的組織架構，就能成為「能長久維持下去的獨特優勢」。在專業蛋糕師傅的指導之下，這間店的員工全都勤奮地學習製作蛋糕。多虧了這樣的組織架構，才誕生出美味的蛋糕。

這種經營優勢最大的重點在於「不可模仿」。增加模仿難度的方法有很多，像是申請專利權保護，或是創造出組織特有的文化等。

也可以建立「**活動系統**」，密切導入鎖定其他目標顧客的各種活動。有趣的是，這種活動系統正是主張「企業的競爭力取決於市場定位」、不斷批評RBV的波特在Book2《競爭論》中所提倡的。

穩居北海道便利商店業界龍頭的Seicomart專心發展北海道市場，導入各種活動，得到了其他企業模仿不來的壓倒性優勢，這正是「活動系統」的實例之一。

真正的優勢無法一眼看破

另一方面，當人在思考優勢時，也經常會犯錯。

其中一個錯誤是過度輕視自己的優勢。很多人覺得優勢對自己來說是「理所當然」，甚至絲毫沒察覺，這時候外界的意見就能派上用場了。

當我還是上班族時，我常有機會跟人解釋自己想到的策略。某次有人問我：「永井先生，為什麼你能把策略解釋得這麼簡潔明瞭呢？」此時我才發現，這件對自己來說理所當然的事情，其實正是自己的優勢。

反之，另一個錯誤則是過度高估自己的優勢。例如有很多公司認為「本公司的優勢是員工都很認真，大家都是技術人才」，但對手通常也有同樣的想法，這種想法並不客觀，因此稱不上優勢。

在本章開頭提到的蛋糕店，有一陣子其實門可羅雀。他們換了新老闆。某天新老闆在暗中觀察店面的營業情況時，發現每個員工都忙著做蛋糕，只有資深蛋糕師傅無所事事。

「師傅根本沒在做事，有其他員工就夠了。」老闆氣得把蛋糕師傅掃地出門。但實際上，蛋糕師傅的主要任務是員工教育跟開發新產品，做蛋糕本來就是由員工負責。蛋糕師傅離開後，員工們陸續辭職，味道也逐漸走樣。

雖然我只舉了簡單好懂的例子，但企業真正的優勢其實無法一眼看破，有些管理者也會判斷錯誤，最重要的是仔細觀察，跟關係者商討後認真思考。

優勢不會永久持續下去，如Book7《競爭大未來》所述，SONY原本的獨特優勢是「小型化技術帶來的攜帶便利性」，但現在Apple等公司也都已經學會此技術，不再讓SONY專美於前。

多數企業都擁有「自家公司才有的優勢」。

但也有很多企業忽略了這點，或是死守著早已遭到淘汰的優勢。

有心重新檢視自家公司的優勢時，本書絕對能派上用場。

POINT

真正的優勢來自①價值 ②稀有性 ③不可模仿性 ④組織體制。

9 《動態能力策略》

——「全新的優勢」不需要無中生有

（暫譯）*Dynamic Capabilities and Strategic Management*（牛津大學出版）

大衛・提斯

紐西蘭的經營學家。主攻經營策略論、創新論、智慧財產策略等。為加州大學柏克萊分校哈斯商學院教授，教授全球商務領域的經營管理論。擔任該校商業創新研究所的所長。在企業理論、策略經營、技術變化經濟學、知識經營、技術移轉、反壟斷經濟學及創新領域都佔有一席之地。

「加班到半夜的人才是強者。」「感冒要請病假？太弱了吧。」「犧牲家庭吧！」

在我年輕的時候，這些想法對「企業戰士」來說都再正常不過，只是現在已經不符合時代了。隨著時代進化，商業人士應具備的優勢也隨之改變。

企業也是如此，即使現在蒸蒸日上，優勢的保鮮期也會愈來愈短，總有一天會過期。因此，企業必須積極創造出「新的優勢」。創造優勢不需無中生有，因為企業原本就具備某些優勢。

動態能力的3種能力
（以富士軟片為例）

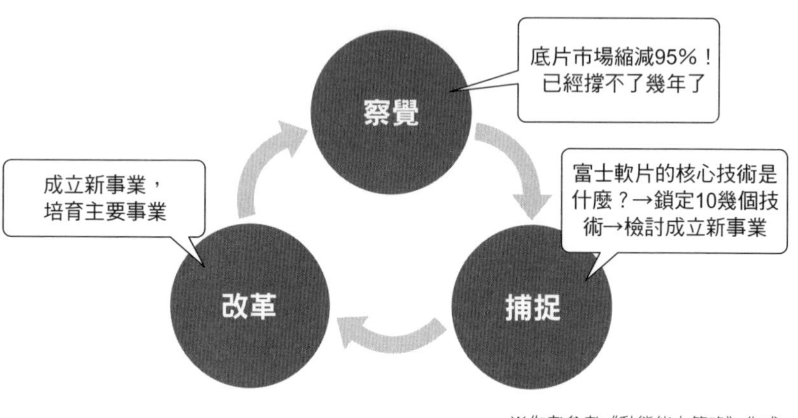

※作者參考《動態能力策略》作成

波特在Book1《競爭策略》中提到了「5種競爭作用力」，巴尼在Book8《策略管理與競爭優勢》中提到了「RBV」，而提斯認為「這兩者的前提都是企業環境處於穩定狀態」。

身處變化劇烈的現代環境，**應用波特的方法察覺環境變化，用巴尼的方法認識經營資源，接著將兩者以動態（dynamic）方式重新結合**，組成動態能力。這正是本書作者提斯所提倡、受到各界矚目的動態能力理論。

動態能力是由**「察覺」**、**「捕捉」**、**「改革」**這3種能力結合而成。試著用此觀點來深入探討Book4《瞬時競爭策略》介紹的富士軟片的例子吧！數位相機普及後，底片市場消失，但富士軟片成功化解危機。

能力1 察覺

察覺是洞悉環境變化的能力。

在2000年時，業績長紅的富士軟片有6成的業績（總利益的3分之2）都是靠底片賺得，這時候卻得到衝擊的調查結果：「底片市場將以每年2位數的速度迅速縮減，最後有95％的市場會消失，已經撐不了幾年了。」剩下的時間不多了，必須趕緊想出解決辦法。

能力2 捕捉

捕捉是將變化化為轉機，重新調配及利用現有經營資源的能力。

富士軟片開始思考「自己的優勢是什麼」。實際上，必須要有能處理微細粒子的奈米科技等高度技術，才能生產彩色底片，世界上有能力生產的公司寥寥可數。最後，富士軟片找出數10個自家公司的核心技術，將這些技術結合後，成立新事業。

能力3 改革

改革是從具優勢的新組合中確立全新競爭優勢的能力。

富士軟片活用製作底片時養成的核心技術，成立了新事業。主打抗老的護膚品牌「Astalift」便是其中之一。底片主要原料之一的膠原蛋白能維持肌膚彈力，防止照片褪色的抗氧化技術能有效預防肌膚老化，奈米技術能加強成分的滲透力。Astalift就是富士軟片運用這3項核心技術成立的品牌。此外，富士軟片還跨足液晶保護膜等各種事業，並將這些事業培育成主力事業。

本書作者提斯在開頭寫了這麼一段話：

「**1990年代後，日本經濟逐漸衰弱的主要原因是動態能力太弱。（中略）共識型管理等日本企業特有的價值，限制了願景領導創造新市場的能力。（中略）消費品市場的突破，已經是數10年前的往事了。**」

正如提斯所言，很多在1990年前打遍天下無敵手的日本企業，無法順應市場變化，陷入長期低迷，被稱為「消失的20年」。

但其中也有些日本企業像富士軟片一樣，面對突發危機依舊展現領導風範，勇敢面對，重建企業優勢，將危機化為轉機。

Book10《知識創造企業》的作者野中郁次郎也曾推薦本書，他認為「動態能力才是能幫助日本企業發揮優勢的理論」。不畏懼改變，企業才能大幅成長。

POINT

察覺變化，重建當下的優勢，透過改革創造出「全新優勢」。

10

《知識創造企業》

——創造出知識的人是中間管理職

（東洋經濟新報社）

野中郁次郎、竹內弘高

野中是一橋大學的名譽教授。將知識創造理論推廣到全世界，是知識管理界的權威。2017年獲頒加州大學柏伯克利分校哈斯商學院的「終身成就獎」。竹內曾任一橋大學教授，自2010年起任職哈佛商學院教授，是HBS唯一一名日籍教授。兩人共著的《知識創造企業》曾獲選為全美出版社協會年度最佳書籍（經營領域）。

我們很難用口頭解釋如何游泳，一定要實際進入水中練習換氣跟打水，才有辦法學會游泳。所謂「無法用言語表達的知識」就是如此。

這種無法用言語表達的知識稱為「**內隱知識**」；能用言語表達的知識稱為「**外顯知識**」。

知識的構造宛如冰山。就像海面上的冰山底下藏著巨大的冰塊一樣，能用言語表達的外顯知識底下也藏著龐大的內隱知識。

SECI模式：組織型知識創造的流程

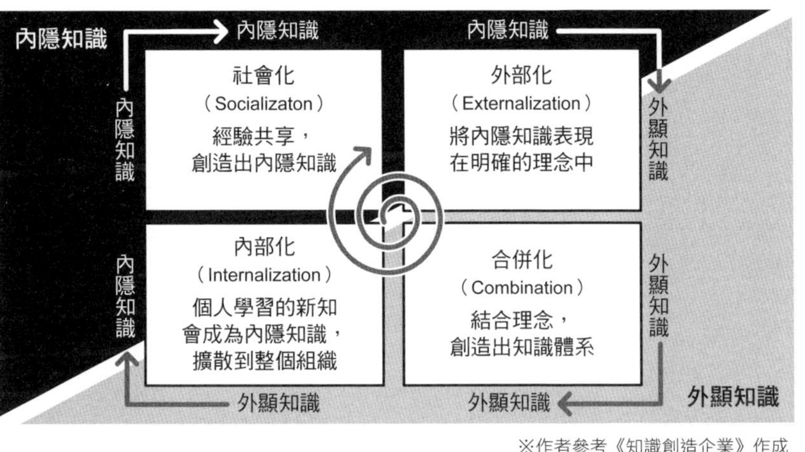

※作者參考《知識創造企業》作成

在有「知識社會」之稱的現代社會中，企業孕育出的「**知識**」會左右競爭力。

不過，企業的知識究竟是如何孕育而成的呢？沒人知道正確答案。

本書透過日本企業的實例研究，構築出「組織型企業創造」理論，在世界各地都廣受好評。日本企業的成功，歸功於能創造出組織型知識的企業結構。

組織裡的個體互相交換外顯知識跟內隱知識，才能創造出知識。

我和編輯在構思新書企劃案時也是如此。

「我有個想法，你覺得如何？」

「嗯。」「嗯。」「嗯——。」

我會和編輯共同討論，不斷對話，使內隱

知識與外顯知識互相感應，才孕育出書籍企劃和靈感。

在組織裡孕育出知識的「SECI模式」

將這種在組織裡創造出知識的構造模式化後，能得到「SECI模式」。內隱知識和外顯知識會經過4個變化階段，逐漸在組織裡創造出知識。

以HONDA在1981年發表的「City」為例。雖然當時的主流是車身短小的平坦車，但City堆疊小型引擎，展現精巧獨特的高車身造型，成為熱銷車款。

自此以後，HONDA開始秉持著「冒險」的理念打造新車，集結年輕技師和設計師組成團隊。當時上層下達的指示是「請研發出價格便宜，質感兼具，跟現有車款有根本性差異的新車」。

・社會化（內隱知識→內隱知識）

個人之間共享經驗，孕育出全新內隱知識的階段。

HONDA舉辦名為「waigaya」的合宿活動，讓成員們盡情交流自身經驗與內隱知識，共享問題意識。

・外部化（內隱知識↓外顯知識）

將內隱知識用明確的理念表現出來的階段。

接收到上層下達的「冒險」指令後，主管渡邊洋男想出「汽車進化論」的概念，詢問組員「如果車子是生命體會如何進化」，經過反覆討論後，得到的結論是「汽車會進化成球體。車體縮短、車身加高的車，既輕巧又便宜，兼具優秀的居住性和牢固性」，並依照此結論誕生出「Man maximum Machine minimum」、「Tallboy」等設計理念。

・合併化（外顯知識↓外顯知識）

理念結合，創造出知識體系的階段。HONDA以「Tallboy」的設計理念開發出都市型汽車「HONDA City」。

由中而上而下型管理模式

中間管理職消除上層與現場的矛盾，創造出新的知識

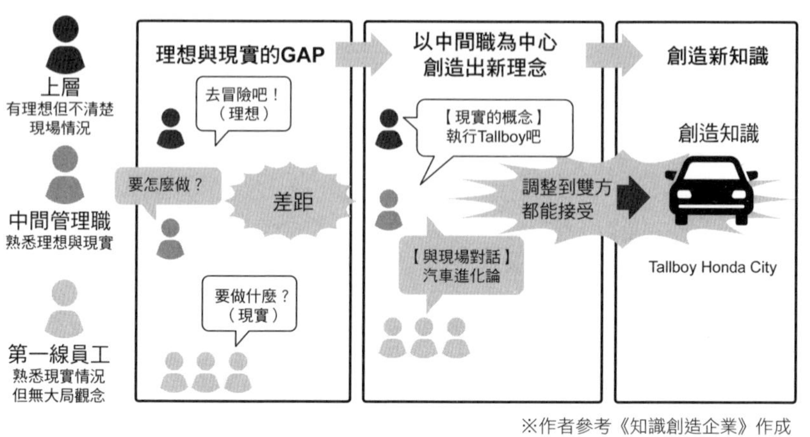

※作者參考《知識創造企業》作成

・內部化（外顯知識→內隱知識）

個人學習到的內隱知識擴散到整個組織的階段。之後，City的研發成員也將學到的經驗運用在其他企劃上。

像這樣創造知識的前提是公司必須準備好能讓個人共享知識的場地。

如前所述，HONDA舉辦了名為「waigaya」的合宿活動。合宿參加者約有7～8名，先訂出具體的主題後，共同討論3天3夜。

第1天提出自己的意見，使議題白熱化；第2天開始理解彼此的想法；第3天找出最有道理的意見，並回歸初日的討論，使討論內容更深入本質，創造出新的解決對策。

而這群共度了3天3夜的成員們，在合宿

結束後也能通暢無阻地溝通，建立起跨部門的合作關係。

日本企業是由中而上而下型

一般認為企業的經營型態分為由上而下型跟由下而上型。

由上而下型的典型企業是美國的通用電氣。通用電氣執行長威爾許決定實行的策略是「若不能做到該產業的第1、第2名，就將該事業單位收掉」。由上而下型企業由強力領導人制定策略，容易忽視工作現場內隱知識的成長。

由下而上型的典型企業是美國的3M。3M相當重視員工的自主性。3M便利貼的起源就是有參加教會聖歌隊的研究人員想要「方便在樂譜上撕貼的書籤」。他先在公司內部發放試作的便利貼樣品，最後成功商品化。

由下而上型的員工會自主行動，將工作現場的內隱知識轉換成產品，但內隱知識僅限於個人，很難擴展到整間公司。

這兩種型態的弱點在於輕忽中間管理職的重要性，由上而下型的知識創造者是高層領導者；由下而上型的知識創造者是工作現場的個人。

日本企業屬於**由中而上而下型**。

雖然「中間管理職會被上層斥責，又會被下級頂撞」，但這才是最重要的職位。上層的理想與真實的現場之間產生的矛盾，必須靠中間管理職來消除，才能在組織裡創造出知識。

HONDA的中間管理職接到上層的「冒險」指令後，與現場員工反覆商討，想出了「汽車進化論」這個新理念。該名中間管理職表示：「多虧了理想與現實間的巨大差距，才有辦法成功，讓我們創造出符合汽車應有樣貌的新技術和新概念。」

現代更應該追求「知識創造」

本書是全球首部解釋組織型知識創造構造的書籍，在世界各地都引發極大的迴響。

作者野中郁次郎在後記指出日本企業的問題，他提到：「日本企業雖然有在各部門創造知識，但企業整體並未創造知識。」

現在的日本企業有不少為開而開的會議，生產力非常差，**開會討論的目的應該是「創造知識」才對**。現在的日本企業更應該好好思考野中郁次郎話中的含意。成長中的海外全球企業，都很重視組織型知識創造。Google將員工聚集在辦公室裡，打造出能共同用餐、共享情報的環境。在這個光靠網路就能完成業務的數位時代，更應該透過人與人之間的交流創造出知識。Google非常明白這個道理。說不定也有受到本書的間接影響。

沒有比現代更應該追求知識創造的時代。

現在想重新思考組織型知識創造的策略時，本書絕對能成為極大的助力。

POINT

中間管理職是英雄，能不斷創造出新的知識。

第2章 「顧客」

顧客是企業最重要的資產，
但顧客也有很多種。
誰是我們的顧客呢？
顧客會有哪些行為呢？
怎樣才能讓顧客購買商品或服務呢？
我們必須先找出這些問題的答案。
事實上，創新也是源自顧客。
接著來介紹能深入理解顧客的6本名著。

《顧客忠誠度效力》（暫譯）*The Loyalty Effect*（哈佛商業評論出版）

——確保舊客戶勝過開發新客戶

弗雷德里克・瑞克赫爾德

貝恩策略顧問公司榮譽執行長。哈佛大學畢業後，於哈佛商學院取得MBA學位。曾任職貝恩策略顧問公司執行長。是提出顧客忠誠度商業策略的第1人，也是企業普遍使用的NPS的發明人。2003年被《Consulting Magazine》選為「全世界最頂尖的25位顧問」。

「您購買後我必定會負責到底。」

但自從交易完成後，原本熱情的業務就沒了音訊，似乎是忙著拓展客源。

（咦？說好的負責到底呢？）

事實上，絕大多數的業務都忙著開發新客戶。

開發新客戶確實重要，但保留舊客戶更加重要。這無關道德觀和精神面，而是商業層面的問題，因為重視現有客戶，業績和收益都會大幅提升。本書會告訴我們背後的原因。

客戶保持率高，多數客戶將長期持續購買

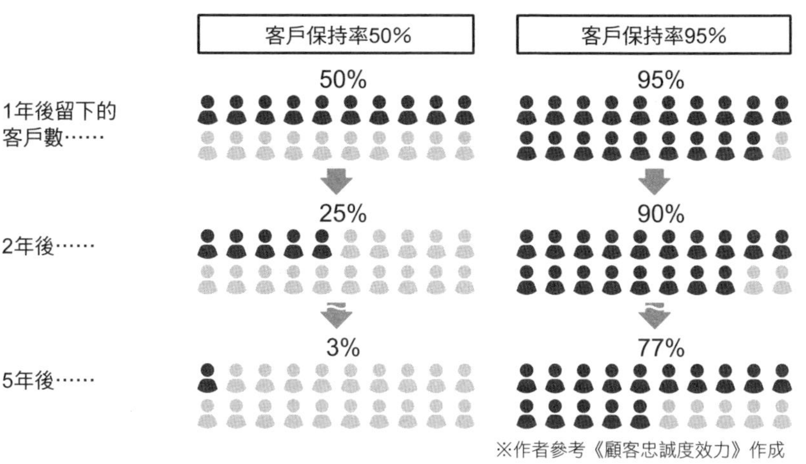

※作者參考《顧客忠誠度效力》作成

最基本的概念是「**客戶保持率**」。即為現有客戶在1年後繼續購買的比例。客戶保持率高，顧客購買的期間就會拉長。

如圖所示，若客戶保持率為50%，等於每年會減少一半的客戶，這樣2年後只剩下4分之1的客戶，5年後只剩下3%的客戶。

若客戶保持率為95%，每年只會減少5%的客戶，等於1年後還有95%的客戶、2年後還有90%的客戶、5年後還有77%的客戶。

從長遠的眼光來看，當客戶長期購買時，來自該客戶的業績將不斷增加。若不理會老客戶，只顧著開發新客戶，未免太過可惜。

在沒堵住排水孔的浴缸裡不斷注入熱水，熱水只會不斷流失，無法累積。同樣的道理，對老客戶置之不理，只顧著爭取新客戶，重要

的老客戶將不斷流失。因此，一定要重視現有客戶才行。

「顧客忠誠度」能帶來巨大的收益

要如何維持現有客戶呢？

必須先有「**顧客忠誠度**」的概念。忠誠度就是「牽絆」，「顧客忠誠度」等於「與顧客的牽絆」。

雖然一般都用「顧客」來統稱，但從顧客忠誠度的角度看來，顧客也分成多種類型，分別是尚未消費的「**潛在顧客**」、初次消費的「**新顧客**」跟反覆消費的「**老顧客**」。

以我一名「視迪士尼樂園為第2生命」的朋友恭子為例。

恭子小時候看到迪士尼樂園的廣告，心想「總有一天要去玩」。這時候她是迪士尼樂園的「潛在顧客」。

升上高中後，她跟朋友一起去迪士尼樂園玩。她感動地說：「簡直像夢想中

顧客忠誠度高的顧客，顧客終生價值也會提升

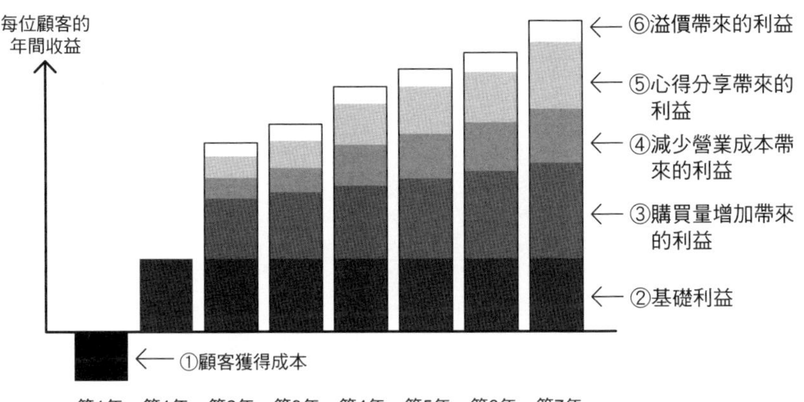

出處：《顧客忠誠度效力》

的世界一樣！」這時候恭子成了迪士尼樂園的「新顧客」。

之後恭子數度回訪迪士尼樂園，她買了年票，每個月至少會去2次。她還創立了一個名叫「迪士尼生活」的部落格，獲得高人氣，很多人都是看了她的部落格後，才成了迪士尼樂園的回頭客。這時候她成了迪士尼樂園的「老顧客」。

這就是「潛在顧客→新顧客→老顧客」的變化過程。在這段過程中，顧客忠誠度也不斷升高。顧客忠誠度高的顧客，能為企業帶來巨大的收益。

從長遠的角度來看，顧客能為企業帶來的價值稱為「**顧客終生價值**」。上圖解釋了高忠誠度顧客提升顧客終生價值的過程。

以恭子為例：

【①顧客獲得成本】為了獲得顧客所花費的成本。迪士尼樂園花錢拍廣告，恭子小時候看了廣告後對迪士尼樂園產生興趣。

【②基礎利益】恭子購買門票，迪士尼獲得利益。

【③購買量增加帶來的利益】迪士尼樂園的平均停留時間為9小時。其實迪士尼樂園的主要收益並非來自入場費或遊樂設施門票，而是周邊商品和餐飲。在園內待的時間愈長、滿足度愈高的顧客，會購買愈多的商品。

【④減少營業成本帶來的利益】像恭子這樣的老顧客，早就對園內相當熟悉，省下工作人員的工作量，減少公司的成本。此時收入不變，等於利益增加。

【⑤心得分享帶來的利益】像恭子這樣視迪士尼樂園為第2生命的顧客，會熱情推薦他人，或是帶朋友來玩。

【⑥溢價帶來的利益】稍微貴一點也不會介意價錢。

據說有98%的迪士尼入場者都是回頭客。迪士尼樂園為了不讓顧客敗興而歸，一直努力帶給大家全新的「夢想空間體驗」。

提高「員工忠誠度」的方法

這時候又出現另一個問題了。

「最重要的真的是顧客嗎？」

事實上，本書並沒有說「顧客是最重要的」，反而重視「員工忠誠度」。

每位迪士尼樂園的員工都打從心底露出笑容。在服務業的領域，能從工作中獲得高度價值與滿足感的員工，能創造出極高的顧客滿足度。迪士尼樂園為了提高員工的滿足度，也用了各種手段，讓員工們徹頭徹尾都擁有相同的價值觀等。

就像Book33《基業長青》提到的，迪士尼樂園為了讓員工們擁有同樣的價值觀，長期以來都十分用心於打造公司文化。

這本在1996年出版的書對社會帶來極大的影響，集點卡、飛行常客獎勵計劃、電話服務中心等，都是基於顧客忠誠度的概念。

就連最先進的IT企業也不遑多讓。**Netflix、Amazon等國外雲端業者，極度重視顧客忠誠度，他們隨時都會確認客戶保持率，採取必要的對策，**成功讓業績大幅提升。

許多業績慘澹的企業不瞭解此構造，將拓展新客戶視為首要任務，持續打著消耗戰。認為「開發新客戶最重要」的人，更應該讀一下本書，肯定能從中找到全新的可能性。

POINT

理解顧客忠誠度的構造，將顧客終生價值放大到極限。

12 《終極問題2.0》

——唯一該問顧客的問題

（暫譯）*The Ultimate Question 2.0*（哈佛商學院）

弗雷德里克・瑞克赫爾德

貝恩策略顧問公司榮譽執行長。哈佛大學畢業後，於哈佛商學院取得MBA學位。曾任職貝恩策略顧問公司執行長。是提出顧客忠誠度商業策略的第1人，也是企業普遍使用的NPS的發明人。2003年被《Consulting Magazine》選為「全世界最頂尖的25位顧問」。

某天我決定訂購英文電子報，沒兩下子就申請成功。

過了1年後，我太久沒讀電子報了，打算解約，但不曉得解約方法。好不容易找到電話號碼，撥通後竟然聽到英文語音，我馬上掛掉電話。

但實在找不到其他解約辦法，我只好再打一次電話，這次外國客服登場了。用英文跟他溝通一陣子後，總算順利解約。問了身邊的人後，發現很多人都嫌解約麻煩，乾脆繼續訂購。

幾個月後，我收到那間公司寄來的客戶問卷，裡頭洋洋灑灑列了100道問題。

「這樣好像不太對吧……」我不禁抱頭。

就像Book11《顧客忠誠度效力》提到的，維持現有客戶很重要，但顧客續約帶來的業績，也分成「好業績」跟「壞業績」。

好業績來自感到滿足的顧客。顧客會主動回購，帶動業績持續成長。

壞業績來自雖有不滿但被迫回購的顧客。此時若出現其他更好的服務，業績就會直接蒸發。

美國的網路服務供應商AOL以難解約聞名。

AOL的企業價值在2000年時曾高達20兆日圓，但其他高速網路服務供應商陸續出現，顧客紛紛出走，9年後其企業價值縮小到只剩20分之1。

企業必須掌握顧客忠誠度，採取正確的應對方式。

《顧客忠誠度效力》的作者瑞克赫爾德在本書提倡能具體掌握顧客忠誠度的**NPS**方法論。由於現在多數國際企業都已經廣泛使用NPS，所以我想特別介紹一下。

「顧客滿意度調查」的目的是什麼？

最常見的顧客滿足度確認方式是能100%掌握顧客滿意度的「**顧客滿意度調查**」。但實際上，公司裡常會出現這樣的情景：

「滿意度80分算好嗎？還是不好？要怎麼做呢？」

「滿意度明明接近100分，為什麼業績還是減少了呢？」

光憑顧客滿意度的數字，並無法找到具體的行動方針。

瑞克赫爾德做了各種嘗試後，制定了「淨推薦值（Net Promoter Score）」（以下稱為NPS）。請看以下2個問題。

Q1：你把某公司推薦給朋友或同事的可能性是從0～10的多少呢？

Q2：請說明選擇此數字的原因。

依照回答內容，可將回答者分成以下幾種類型：

【推薦者（10～9）】回購率非常高，還會跟他人推薦商品，透過心得分享的方式幫商品宣傳。

顧客滿意度調查與NPS的差異

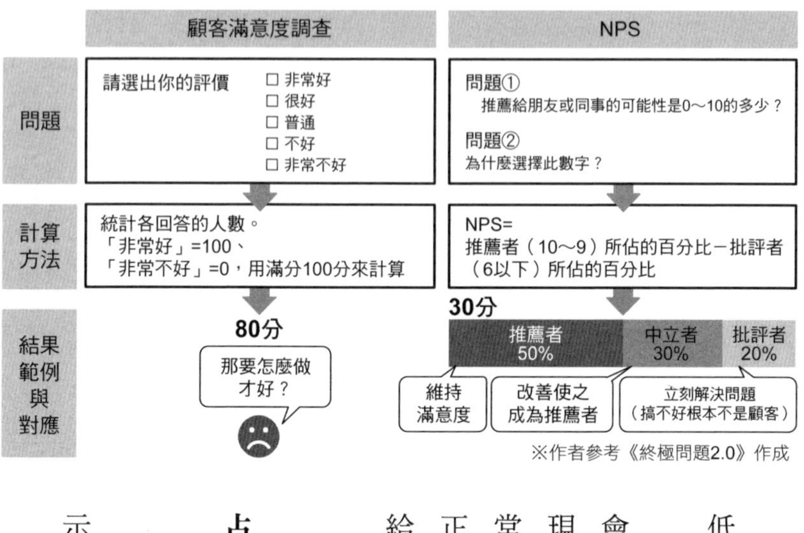

【中立者（8～7）】回購率比推薦者還低，雖然對商品滿意，但不會推薦給他人。

【批評者（6以下）】回購率非常低，還會阻止他人購買。負面傳言跟感想的元凶。在現代社會還能透過SNS傳播給多數人，是非常可怕的存在（很多人覺得6這個數字剛好在正中間，應該不算是批評者，但實際上，很多給6分的人都有負面感想）。

接著利用下方公式計算NPS值。

NPS＝推薦者所占的百分比－批評者所占的百分比

顧客滿意度調查跟NPS的差異如上圖所示。

顧客滿意度調查能得到數字，得不到明確

NPS與事業有相關關係

增加NPS較高的部門的市佔率

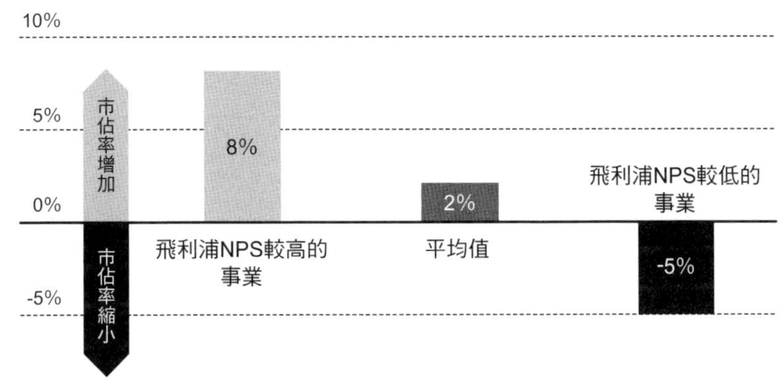

出處：《終極問題2.0》

的解決對策；NPS能得到明確的解決對策，只要增加推薦者，並減少中立者和批評者就行了。若無法解決批評者的不滿，應檢討公司是否要繼續留住這些批評者顧客。

NPS上升，業績也會上升。荷蘭的飛利浦電子公司有許多事業部門，對於NPS比競爭對手高的部門，公司會增加其市佔率；對於NPS比競爭對手低的部門，公司會減少其市佔率。

NPS有以下幾個重點：

重點1 掌握實際的數字

增加NPS的表面數字是毫無意義的行為，洞悉顧客的實態後採取對策才是最重要的。

日本的麥當勞會用折價券APP KODO掌握來店客的NPS，將統計結果完整公開給各間分店，並告知分店：「這個統計結果對分店評價不會有任何影響，請重視顧客的意見，立刻進行改善。」

重點2 重點必須增加回答率

當顧客心生不滿時，就算商家要求填寫問卷，顧客也會心想「我不會再來買了」，乾脆什麼都不寫。大家應該有過這種經驗吧？由此可知，很多不回答問卷的人都是中立者或批評者。

某企業的NPS的回答率是20%，數值為正50。這數字看起來很漂亮，但調查其他80%的購買行動後，發現有大量的批評者，NPS的數值是負40。實際狀況非常糟糕。

當NPS的回答率過低時，必須思考問題所在，並採取顧客行動追蹤調查等應對方式。

重點3 精選問題

必須把問題數量減到最少，減輕顧客回答時的負擔。早有不滿的顧客看到大量的問題會更不願意回答，如此一來就無法掌握顧客的實態。

重點4 改善最重要

透過NPS隨時掌握顧客的實態，找出問題後予以改善，才能提升顧客忠誠度。

某公司只要一遇到批評者顧客，就會立刻派出負責人，當面詢問需要改善的問題，並承諾會予以改善。企業也必須規劃出像這樣向顧客學習，持續改善問題的程序。

NPS並非萬能。若是不想推薦給他人的私藏商品，就無法靠NPS掌握顧客忠誠度，此時顧客滿意度調查的效果更加理想。

在現實世界中，有不少主張「顧客中心主義」的企業未將顧客狀況可視化。連掌握都掌握不了，更別提改善了。

本書將顧客忠誠度可視化，傳授具體提升顧客忠誠度的方法。

「想實現顧客中心主義」的商業人士請務必參考。

POINT

將顧客忠誠度可視化，增加推薦者，減少批評者。

13

《跨越鴻溝》（臉譜）

——顧客不購買新商品的真正原因

傑佛瑞・墨爾

以破壞性科技對商業和組織運作帶來的影響及應採取的策略為主題，長期寫作及演講，協助新創企業及大企業。在支援多家新興企業的同時，擔任鴻溝集團、鴻溝協會、TCG顧問3家顧問公司的名譽董事長。

我在IBM企劃了企業導向的產品，結果完全賣不出去。公司跟我說「自己企劃的產品自己賣」，於是我便成了產品的銷售負責人。

推銷了一段時間後，有9成的顧客不願意購買新產品，有1成的顧客毫不猶豫就下單，還將產品功能發揮得淋漓盡致，達到更理想的效果。

我還記得，當時我心想「客人也是有很多類型啊」，結果幾年後接觸到這本書，作者生動地剖析背後的原因，讓我大為感動。本書是身為顧問的墨爾收集了普及新商品方法後，整理而成的高科技行銷聖經。

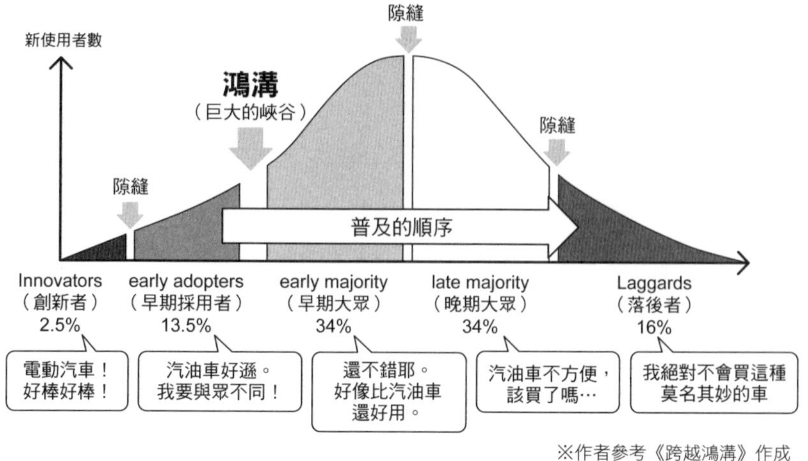

※作者參考《跨越鴻溝》作成

只要問你一個問題：「你何時會買電動汽車呢？」

從回答就能看出，你現在位於表示新商品普及階段的「**技術採用生命週期圖**」的哪個位置。

「我絕對不會開這種莫名其妙的車。」這類型的人屬於對新技術毫無興趣的「**laggards**」，即為落後者。

「等現在的汽油車變得不方便了再買。」這類型的人屬於「**late majority**」，即為晚期大眾。

「等路上設置電動汽車專用的充電站後再買。」這類型的人屬於「**early majority**」，即為早期大眾。

「趁還沒人開的時候買。」這類型的人屬於「**innovators**」（創新者）及「**early adopters**」（早期採用者）。

如圖所示，各類型的比例固定。

前面提到的不願意跟我購買的顧客，屬於早期大眾以下的顧客，佔了整體的84%；立刻下單且純熟運用的顧客，屬於創新者及早其採用者，只佔整體的16%，所以我的新商品才遲遲賣不出去。

若顧客能依照這個順序陸續下單，就能輕鬆賣出新商品，但現實沒有這麼容易。每個類型之間都存有縫隙，一旦掉入其中，商品就無法往下個階段前進，直接在縫隙裡陣亡。最大的縫隙在早期採用者與早期大眾之間。這裡說的縫隙就是本書的標題「鴻溝」，意指「巨大的峽谷」。

跨越鴻溝的兩大必要重點

之所以會產生鴻溝，是因為早期採用者跟早期大眾的思考模式跟行動完全成反比。

早期採用者熱愛風險，認為「現在還沒人開電動汽車，能展現自己與眾不同」。只要能說服自己，就算需要在自家設置充電站，也會購買電動汽車。

早期大眾厭惡風險，認為「電動汽車說不定很危險，而且停車場和一般加油站無法充電很不方便」。要等到確認電動汽車的安全性，以及電動汽車專用服務變得更充實後，才會開始考慮購買。

想普及新商品必定得跨越這道鴻溝，為此，有兩大必要重點。

首先是準備好「**完整產品**」（whole product），意思是「能形成完整配套措施的產品」，也就是顧客需要的所有商品和服務。

電動汽車光有本體還無法使用，使用者還必須到加油站或自家停車場充電、到汽車工廠保養和維修、購買專用零件、參加電動汽車的使用說明會。本體加上一連串完整的配套措施後，成為完整產品。

早期採用者即使沒有完整產品，也會自己想辦法解決，像是在自家裝設充電站等。

但早期大眾不願意做這些麻煩的事情，況且早期大眾以下的顧客佔了整體的84％，若沒有先準備好完整產品，產品就絕對無法普及。

跨越鴻溝的另一個必要重點，是**其他早期大眾的實例**。

就算跟早期大眾說：「山田先生自己設置充電站，十分享受用電動汽車代步的生活喔！」他們也會心想：「我並不想做到這種地步……」絲毫提不起一點興趣，要等到親眼看到其他早期大眾使用電動汽車後，他們才會開始考慮購買。

不過，由於早期大眾厭惡風險，沒人願意打前鋒，導致產品在此階段陷入膠著，所以才會產生巨大的鴻溝。

此時最重要的是，創造出早期大眾的使用實例。

而且不是針對所有早期大眾，必須鎖定少數目標。

從75個業務中選出2個業務的「Documentum」

最值得參考的挑戰實例是研發及販售企業文書管理系統的Documentum。

Documentum研發及提供能處理企業設計圖、契約書等多項業務的文書管理系統，一開始經早期採用者使用，業績大幅成長，但數年後面臨鴻溝，成長就此停滯。

於是，Documentum將75個廣泛的顧客業務縮減到2個業務。

其中之一是製藥公司的新藥認可申請業務。

對製藥公司來說，新藥認可申請業務是「最頭痛的問題」。光是申請資料就多達25～50萬頁（這只是需提出的資料，準備資料更多），必須調查龐大的資料後製作文件，1天就要花費1億日圓，連續好幾個月。再加上若申請速度太慢，也會損失申請期間的新藥專利收入。

負責人員表示：「多花點錢也沒關係，只希望能夠更簡單迅速地處理業務。」

於是，Documentum便集中心力在這家製藥公司的新藥認可申請業務上，為其製作專用系統，獲得絕佳的成果。之後，Documentum一口氣跨越了製藥業界的鴻溝，在40家頂尖製藥公司中，有30家公司都使用此系統。

此系統甚至造福了為同樣問題所苦的製造、金融等業界。

有人問執行長：「只鎖定2個業務風險不會很大嗎？」他回應：

「風險的確很大，但若繼續維持75個業務，風險會更大。」

若不縮小業務，無論在哪個業界都無法跨越鴻溝，公司總有一天會走投無路。

像這樣以「顧客問題的嚴重程度」為基準，徹底縮小市場，才能順利跨越鴻溝。解決顧客的問題，確保小市場裡的所有早期大眾，稱霸市場，接著再利用此經驗與實績，繼續拓展其他市場。

很多企業空有一身優秀的技術，欠缺攻略顧客的策略，無論技術多麼高超，也無法在市場上普及，真的相當可惜。

正確理解鴻溝理論，將之運用在工作中，鎖定現階段目標顧客面臨的問題，藉此推廣商品，就能大幅增加新商品成功的可能性。

想讓「新商品正式普及」的人，請一定要讀這本書。

POINT

鎖定有「待解決問題」的顧客，跨越鴻溝，大幅成長。

14

《創新的兩難》（商周出版）

——為什麼會輸給「這種玩具」？

日本從2008年開始販售iPhone。當時iPhone的相機像贈品一樣，沒有錄影功能。在銷量超過1億台的小型數位相機製造商眼中，這樣的iPhone「只不過是玩具」，毫無威脅性。

到了8年後的2016年，小型數位相機的產量大減8分之1，輸給當初被視為玩具的iPhone，慘遭相機市場淘汰。

但相機製造商總是專心聆聽客戶的意見，花大錢研發技術，從來不敢懈怠。這本書詳細說明了引起此現象的原因。

克雷頓・克里斯汀生

哈佛大學商學院教授。確立「破壞式創新」理論，是企業創新研究的先驅。曾5度獲選代表哈佛商業評論年度最優秀文章的麥肯錫論文獎，也是主打創新的經營顧問公司等複數企業的共同創業者。兩度拿下「全球最具影響力的管理思想家」（Thinkers 50）榜首。

作者克里斯汀生在書中提到：

「正因為領導企業競爭無時無刻保持警覺，專心聆聽客戶的意見，積極投資新技術，所以才會喪失領導地位。」

本書於1997年出版，當時這段指責完全顛覆了世間的常識。

於是，世上吹起一股《創新的兩難》風潮，克里斯汀生成了時代的寵兒。為什麼會出現這種現象呢？站在顧客的立場想想看吧！

我很喜歡相機，一直到iPhone問世3年後為止，我每年都會購買數位相機。

而且每年都會跟妻子有一段這樣的對話。

「你又要買嗎？」

「這次的性能提升很多，也能拍寫真展要用的作品喔！」

「你去年買的時候也說過同樣的話。」

我有用過初代iPhone，只是當時完全沒用它的相機。

幾年後，我買了新型iPhone，看到拍出來的照片後大吃一驚。

「跟我手上的數位相機幾乎沒有差別……」

不知不覺間，手機的拍照功能已經跟數位相機不相上下，錄影功能也很強大。這樣就能減輕行李重量，隨時隨地都能輕鬆拍照了。於是，我開始改用手機拍照和錄影，從此不再買數位相機。

這段時期，在相機製造商的產品企劃會議上，肯定有過這樣一番討論：

「顧客的反應如何？」

「絕大多數的顧客都希望能提高解析度，拍出更漂亮的照片。」

「那我們就卯足全力，投入新技術到新型數位相機吧！」

相機製造商會專心聆聽現有顧客的意見，順應顧客要求投入人力、設備、金錢，開發出性能更好的產品。他們真心想滿足顧客的要求。

另一方面，在手機製造商的產品企劃會議上，肯定會出現這樣的討論：

「我們被人家說是『玩具』耶。」

「但也有顧客說拍好的照片能馬上寄出去很方便，忍不住想一直拍。」

就像這樣，手機製造商致力於強化相機功能，相機製造商認為邊摸索邊研發的「風險太大」，無法保證成功，持續迴避風險，結果回過神來已經敗北，慘遭市場淘汰。

持續性技術與破壞式技術

為什麼小型數位相機會輸給智慧型手機的相機呢？

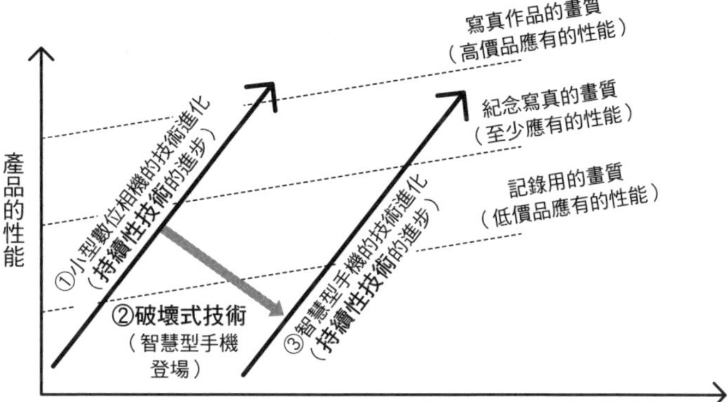

※作者參考《創新的兩難》作成

能解釋此狀況的關鍵是**持續性技術與破壞式技術**的概念。

持續性技術是提升產品性能的技術。數位相機也靠持續性技術逐漸提升性能。

破壞式技術雖然會使產品性能降低，但能實現低價、簡單、小型化等，能吸收從未使用過該產品的新顧客。手機相機就是屬於破壞式技術，雖然照相功能不理想，但能隨身攜帶，還方便寄送照片，所以人們逐漸養成用手機拍照的習慣。

而技術無時無刻都在進化，原本屬於破壞式技術的手機相機，性能逐漸提升，等到手機終於具備拍攝紀念照的功能時，攜帶性和便利性都不如手機的數位相機便遭到市場淘汰。

其實數位相機也曾經是將底片機逐出市場

的創新產品，現在卻遭到名為智慧型手機的創新產品逐出市場。這種新創產品陷入兩難境地的現象就是「**創新的兩難**」。

用破壞式技術在電腦市場獲得成功的IBM

那麼，領導企業要如何成功利用破壞式技術呢？

1981年，IT界霸主的IBM進入正值黎明期的電腦市場，來看看IBM是如何在短時間內躍升業界龍頭。

①把每個項目完整委託給小型團隊

當時的IBM是個宛如官僚的巨大組織，原有的做事方式已經過時，因此在執行電腦項目時，IBM招集了14名成員，於公司內成立新事業團隊。

②既然遲早都會失敗，不如早點失敗，把損失降到最低

「用任何手段都無所謂，但期限是1年。」該團隊擁有自由裁量的權力，但受到嚴格的時間限制。

③不沿用會導致失敗的現有價值觀及流程

團隊領導人不受ＩＢＭ的價值觀束縛。ＩＢＭ秉持著自行開發主義，雖然公司本身就有研發高性能晶片和ＯＳ，但還要跟內部交涉會趕不上期限，因此該團隊向intel購買晶片、向Microsoft購買ＯＳ，在短時間內開發出IBM PC。

④尋找或開拓全新的市場

ＩＢＭ透過從未合作過的零售業者販售IBM PC，在短時間獲得大成功。可惜幾年後，團隊領導人在一場空難中罹難。

有些人受到這本書影響，以為「什麼都要破壞」，其實並非如此。事實上，「破壞式技術」這個翻譯不太妥當，這本書的disruptive雖然被翻譯成「破壞」，但原意應該是「（將安定的狀態）擾亂」，也就是說，翻成「擾亂性技術」會更貼切。書中提倡的並非單純的破壞，而是「擾亂安定的市場秩序，創造出新顧客，才能得到創新的種子」。但由於「破壞式技術」這個說法已經深植人心，故此處也沿用「破壞式技術」這個詞。

本書於日本經濟開始走下坡的1997年出版，作者在開頭就講了這段話：

「6、70年代帶領日本經濟驚人成長的產業，在歐美競爭對手的眼中，幾乎全都是破壞式技術，（推出小型車的TOYOTA、攜帶型收音機、推出超小型電視的SONY等多數企業），都將歐美市場從下方破壞。（中略）這數年間，日本經濟停滯不前，是因為日本大企業也遭到同樣的力量從下方攻擊。（中略）日本企業已經爬到市場最上層，沒有退路了。」

作者一針見血點地出日本企業過去的優勢和現在的問題。即使本書已經出版了22年，內容的重要性依然與當年無異。破壞式技術成功的關鍵，在於能否創造出新顧客。

擾亂市場秩序，挖掘新顧客，帶動創新。

15

《創新者的解答》（天下雜誌）

——瞄準「無消費者」

克雷頓・克里斯汀生

哈佛大學商學院教授。確立「破壞式創新」理論，是企業創新研究的先驅。曾5度獲選代表哈佛商業評論年度最優秀文章的麥肯錫論文獎。也是主打創新的經營顧問公司等複數企業的共同創業者。兩度拿下「全球最具影響力的管理思想家」（Thinkers 50）榜首。

本書作者克里斯汀生說：「某日本企業靠破壞式技術創新12次。」他口中日本企業就是過去以新興企業之姿迎戰歐美家電廠商的SONY。

前書《創新的兩難》說明了領導企業敗給破壞式技術的原因，本書則解釋了SONY等企業破壞領導企業的方法。

簡單來說，**破壞式技術**是利用降低產品性能的方式，實現低價、簡單、小型及提升使用感的技術。本書將破壞式技術分成兩種類型。

①新市場型破壞

讓未曾用過商品的人開始使用的破壞式技術。

1950年代，SONY開始在美國販售口袋型電晶體收音機。當時的美國爸爸在店裡看到SONY的收音機後心想——

「這個收音機又廉價又小雜音又多，跟我們的真空管收音機沒得比。今天晚上也用真空管收音機跟孩子一起聽故事吧！」

當時是歐美廠牌真空管收音機的全盛期。真空管收音機音質好，體積大，適合放在客廳闔家同樂。而且當時的美國爸爸說話很有份量。

但若是年輕人看到電晶體收音機，肯定會興奮不已。

「棒透了！雖然爸爸說『小混混才會聽搖滾樂』，但只要有了這個，就能在外頭跟朋友邊跳舞邊聽搖滾樂聽到爽了！」當時也是搖滾樂剛開始流行的時期。

由此可知，電晶體收音機最初的客群其實是買不起真空管收音機的年輕人。

等到電晶體收音機的音質改善後，真空管收音機的優點只剩下體積大而已。等到嚴肅的爸爸們也開始購買電晶體收音機後，真空管收音機就此消失。像這樣吸收從沒買過該產品的顧客，不斷成長，稱為新市場型破壞。

②低價型破壞

針對「只要便宜就好」的顧客，提供低成本產品的破壞型技術。百貨公司的待客服務親切又周到，服務成本也會反映在價格上。到折扣商店只能自行挑選商品，有些百元店甚至「嚴禁顧客跟店員問話」。像這樣減少服務成本，就能實現便宜售價。對百貨公司來說，折扣商店跟百元商店就是屬於低價型破壞。

這種低價型破壞適合想要低價購買的顧客。

領導企業有充足的人力、資源和金錢，乍看之下似乎能輕鬆打敗破壞型技術。

但事實上，領導企業非常難對抗破壞型技術。

首先，當其他企業採用新市場型破壞侵入市場時，領導企業往往不會留意到。

真空管收音機廠商鎖定的目標是爸爸族群，他們不曉得年輕人「想要能聽搖滾樂的收音機」，也不曉得年輕人會購買電晶體收音機。等到電晶體收音機的性能在不知不覺間提升後，收音機市場瞬間遭到掠奪。小型數位相機也是這樣被智慧型手機逐出市場的。

發現有人用低價型破壞進入市場時，領導企業會想提高售價。

舉例來說，廠商會想避免百貨公司跟折扣商店或百元商店之間的價格競爭。因此，廠商會減少在折扣商店跟百元商店販售的品項，增加百貨公司獨賣的品項，但此舉反而會導致百貨公司的業績急轉直下。

那要如何靠破壞型技術跟領導企業一決高下呢？

答案是必須找出顧客「**非解決不可的需求**」。

「需求」兩個字看起來有點含糊，具體來說就是要找出「顧客想做但做不到的事情」。

以電晶體收音機來說，年輕人有「想聽搖滾樂跳舞」這個「需求」，但沒有解決辦法。於是SONY推出電晶體收音機，帶動年輕人的購買潮，接著再靠持續型技術提升性能，成功稱霸市場。

即使顧客有「需求」，也有可能找不到解決辦法。成長的種子就藏在雖然有

成長的種子藏在「非解決不可的需求」中

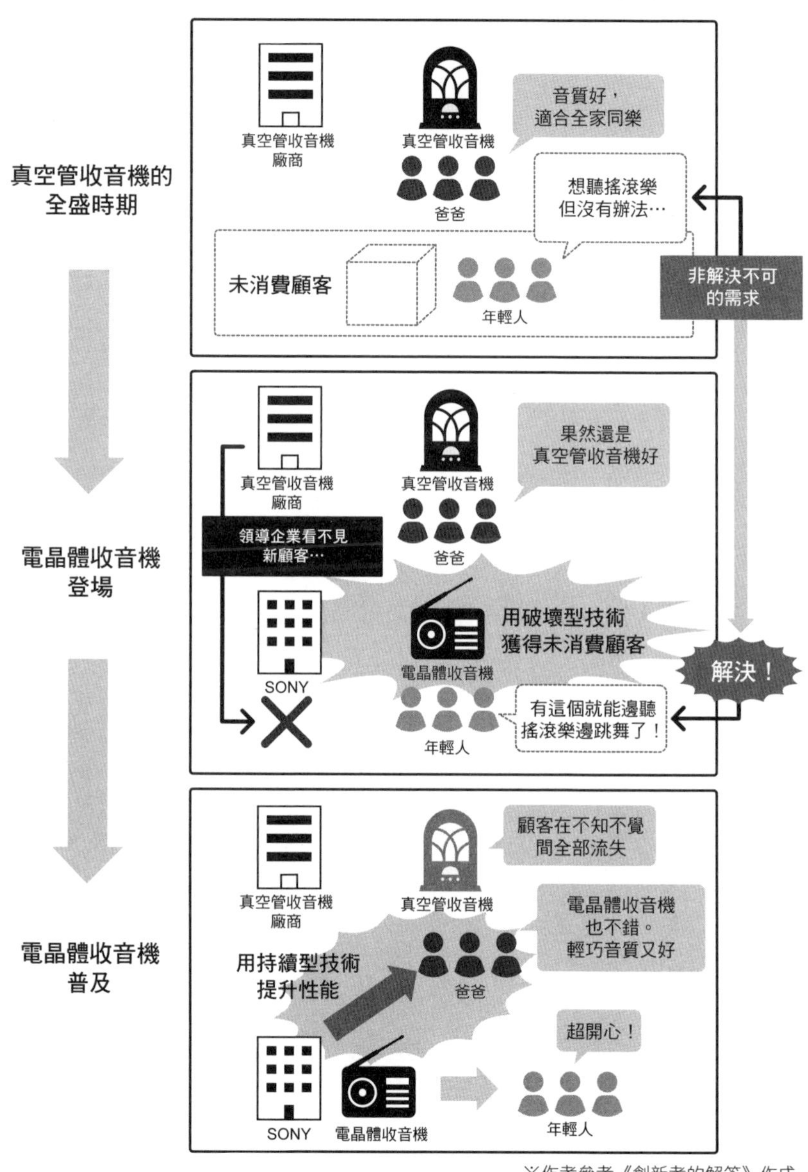

※作者參考《創新者的解答》作成

「需求」，但礙於無解決對策，因此什麼都不買的「**未消費顧客**」中。

SONY的創辦人盛田昭夫就是能看透這些未消費顧客有哪些需求，並找出解決對策的名人。隨身聽也是他發現大家「想要隨時隨地聽音樂」的需求後，想出的破壞型技術。

用破壞型技術創造商機的方法

本書介紹了找出「未消費顧客」後，利用破壞型技術創造商機的方法。

①顧客想解決需求，但沒有技術和金錢，束手無策

→美國的年輕人沒辦法聽搖滾樂

②顧客沒有其他解決方法，就算產品性能不佳也樂意買單

→就算電晶體收音機音質不好，想聽搖滾樂的年輕人也會開心掏出錢包

③破壞型技術也能利用高度技術做出大家都買得起的簡單商品

→SONY利用最新的電晶體技術，做出主打年輕族群的收音機

④新顧客透過新的販售手段買到破壞型技術，將之應用在不同的場合

↓年輕人掀起一波在戶外聽收音機的新潮流

本書在《創新的兩難》問世6年後出版，克里斯汀生在書中依然點出日本企業的問題，而且比前著更具體，語氣也更嚴肅。

「日本絕大多數的有力企業都靠破壞其他公司的方式達到飛躍性的成長，但由於破壞恐威脅到現存的有力企業，日本的經濟系統會合理地阻礙新破壞型成長的出現。」

直到本書出版超過10年後的現在，日本的新興企業才終於獲得成長的機運。日本有非常多可望成為破壞型技術的技術種子。

企業必須將這些技術種子與未消費顧客的「非解決不可的需求」結合。欲思考結合方法時，肯定會發現本書的建議極具意義。

POINT

「未消費顧客」正是創新的種子。

16

《創新的用途理論》（天下雜誌）

——創新有成功模式

克雷頓・克里斯汀生

哈佛大學商學院教授。確立「破壞式創新」理論，是企業創新研究的先驅。曾5度獲選代表哈佛商業評論年度最優秀文章的麥肯錫論文獎。也是主打創新的經營顧問公司等複數企業的共同創業者。兩度拿下「全球最具影響力的管理思想家」（Thinkers 50）榜首。

破壞世間常識的人常被稱為「創新者」，其中有些人會認為「我是世人口中的創新者，所以我要挑戰顛覆常理的事情」，並做出大膽無謀的舉動。

然而，這些大膽無謀的舉動，成功率都相當低。事實上，創新有幾種成功模式，若能瞭解這些成功模式，就不用聽天由命。

克里斯汀生在本書介紹不用聽天由命的創新方法，即為**「工作理論」**。「工作」指的是「顧客非解決不可的需求」。

工作理論透過**「任務」**、**「雇用」**、**「解雇」**這幾個獨特的詞語探討購買商品的理由。

我家在公寓的1樓，庭院雜草叢生，管理員叫我「好好整理一下」。此時，「不得不整理庭院」就是我家的「任務」。

但我很不擅長整理庭院，從不主動整理，最後妻子看不下去，請來專業園丁，三兩下就把雜草全部清乾淨了，還鋪了整片人工草坪，防止雜草生長。在我家這個名為除草的「任務」中，我遭到「解雇」，園丁則被「雇用」。

工作理論就是要像這樣，站在顧客的立場不斷思考以下的問題。

「顧客想解決怎樣的『任務（工作）』時，會『雇用』怎樣的商品或服務呢？」

這種「任務、雇用、解雇」的概念，大家可能較難理解。

美國企業只要一有新任務，就會僱用擁有該技術的人，等任務結束後再將之解雇。工作理論正反映出美式工作方法。

用「網路教學課程」激發創新的大學

舉個更容易理解的實例。美國某大學是全美第2大集團經營的學校。學校打著「校園美麗，學費實惠，教育充實」的宣傳詞招募新生，報名卻不踴躍。校長學會工作理論後，冒出一個疑問：「學生雇用這間大學是想完成什麼任務呢？」

實際詢問想入學的高中生後，發現他們對校園環境、學費和跟教育內容毫無興趣，提出的問題盡是「有可以支持的體育隊伍嗎？」或「有機會跟老師討論人生哲理嗎？」但這些方面有非常多競爭對手，競爭想必會相當激烈。

另一方面，這所大學也有開辦網路教學課程。在沒有刻意宣傳的情況下，依然有源源不絕的新生。

這些學生都是礙於種種因素沒讀大學的社會人士，在學習之餘還得兼顧工作和家庭。

這些平均年齡30歲的學生的真心話是：

「為了提升生活品質，需要擁有優秀的學歷。」

他們追求便利性、支援制度、證照考取和短期結業。也有很多人礙於這些問題，沒有繼續進修。

於是，這所大學決定強化網路教學課程。原本就算有人來諮詢也愛理不理，現在學校規定負責人一定要在24小時內回電，並幫每位學生配1名專屬諮詢員，以及推出強調社會人士學習必要性的廣告。

10年後，這所大學在2016年的收入高達5億4千萬美元（日幣600億元），年平均成長率為34％，獲評為「全美國最有創新力的大學」。

這所大學找出顧客「想完成的任務」，提供解決對策，成功被顧客「雇用」。

搞錯顧客「任務」的超市

反之，也有搞錯顧客「任務」的失敗例子，就是我家附近的超市。

雖然只是一間平凡無奇的超市，但店內從食品到廚房用品等日用品都一應俱全，我們全家人都很愛光顧。每天傍晚總會看到一群婆婆媽媽排隊結帳，好不熱鬧。

某天，這間超市全面大改裝，搖身一變成了擺滿全國各地食材的時髦空間。據說是因為「附近住著很多對美食很講究的專業主婦，所以超市想迎合她們的喜好」。

為了陳列各式各樣的美味食材，超市停止販賣清潔劑等日用品。

改裝完畢數週後，傍晚排隊結帳的人潮消失了，目測約減少了3成左右的顧客。

這間超市鎖定「住在附近，對美食很講究的專業主婦」，搖身一變成為時髦的高級食材店。乍看之下是個很棒的主意，我也曾在店裡買過稀有的食材。

但原本「雇用」這間超市的人是背負著「短時間迅速購物，趁丈夫和孩子回家前煮好晚餐」這項「任務」的主婦。

自從改裝成美味食材專賣店後，這間超市不再符合主婦們「在短時間內買齊所有必要物品」的「任務」，因此遭到「解雇」。

若只重視「住在附近，對美食很講究的專業主婦」這種表面的頭銜，商品絕對賣不出去。

重點是必須徹底觀察顧客，想辦法被顧客「雇用」。

此時的問題並非「顧客追求怎樣的商品或服務」。若只看這點，當其他選擇（＝競爭對手）更優秀時，顧客就會選擇其他間店。

此時應思考的問題是「**顧客是想完成怎樣的任務才雇用我們的商品或服務**」。

「任務」和「需求」的差別

史蒂夫・賈伯斯和 Amazon 執行長傑夫・貝佐斯等改變世界的創新者，總是用異於常人的著眼點思考。用這種思考方式構成的具體方法論，就是工作理論。

也許有人會好奇，

「大家常說要『思考顧客的需求』，但『任務』跟『需求』有什麼差別呢？」

需求通常是「想維持身體健康」、「想吃某些東西」等模糊的問題，有很多解決方法，但顧客不一定會為了該解決方法購買產品。

至於任務，則來自顧客具體且真實的狀況，例如：

「想整理雜草叢生的庭院。」

「為了找到更好的工作，想擁有更漂亮的學歷。」

「想在忙碌的傍晚迅速購物完畢。」

從工作理論看來，此時的競爭對手不光存於同一個市場裡。

「你們的競爭對手是Amazon嗎？」曾有人如此詢問線上影劇播放平台Netflix的執行長里德・哈斯廷斯。他這麼回道：

「所有具放鬆功效的產品全都是我們的競爭對手，我們也跟電視遊戲競爭，也跟紅酒競爭，大家都是難纏的對手。」

哈斯廷斯鎖定人們「想在家裡度過輕鬆時光」這項「任務」，帶領Netflix穩定成長。站在顧客的角度徹底思考，用工作理論掌握商機，必定能得到全新的觀點。

工作理論是深入探討Book15《創新者的解答》介紹的「必須解決的事情」後得到的成果。克里斯汀生為此成立公司，將工作理論導入多數企業，實際施行、驗證了10多年，並將研究成果統整成本書。

「顧客為什麼要買商品呢？」本書告訴讀者們許多關於這個問題的答案。

現在的顧客有非常多的選擇，不會為了解決單一需求而購買商品。

煩惱「好商品賣不出去」的人，一定不能錯過本書。

POINT

找出顧客想解決的「任務」，做出會被「雇用」的商品。

第3章

「創新」

創業與新創事業能帶動企業與業界成長。
此時必要的是創新。
但創新不一定完全正確，
經常會有不被理解的情況。
創業與新創事業的方法論已經跟以往截然不同。
很多過去的方法論都已經過時，
但也有些想法不會隨著時代改變。
本章介紹能理解創業與新創事業的**10**本名著。

17

《什麼是企業家？》

（東洋經濟新報社）

——企業家論的源頭就在此處

約瑟夫・熊彼得

經濟學家，1883年生於奧匈帝國（今捷克共和國）的摩拉維亞省。確立了企業者的不斷創新（革新）會改變經濟結構的理論。也是首位提出經濟成長的人物。

熊彼得是100年前的經濟學家。

本章之所以用他的著作揭開序幕，是因為他是現代創新論和企業家論的鼻祖。瞭解熊彼得的思想，能更深入理解創業與新創事業。

本書收錄日本出版社自行挑選的4篇德文論文，相較於熊彼得的其他經濟學大作，這4篇論文更淺顯易懂（書名的「企業家」是翻譯自首篇論文《Unternehmer》，原意是「創業者」，在此以書名的「企業家」統一稱呼）。

熊彼得以經濟學家的身分斷言「**經濟發展的原動力是創新（革新）**」。但創新究竟是什麼呢？

2007年，蘋果公司舉辦了iPhone發表會。當時賈伯斯的演說，儼然已經成為傳說。一開場賈伯斯就像這樣介紹iPhone：

「這一天我已經期待兩年半了。接下來要發表3款蘋果的革新產品。
第1個是帶有觸控功能的寬螢幕iPod。
第2個是創新的手機。
第3個是突破性的網路通訊裝置。
大家發現了嗎？這3款產品並不是3部獨立的設備，而是1部手機。
我們稱它為『iPhone』。」

iPhone並沒有使用全新的技術，但絕對稱得上創新。

創新是**既有知識與既有知識的結合**。

iPhone結合了iPod、手機、網路通訊設備，形成全新的價值，讓這個世界出現天翻地覆的改變。

創新這個詞看似了不起，其實只不過是「既有知識與既有知識的全新結合」罷了，問題是這種結合很難形成。

光從結果來看，每個人都能理解什麼是「既有知識與既有知識的全新結合」，有些人甚至會覺得「這連我也想得出來」。

但事實上，在結果誕生前，完全沒人能理解。當初賈伯斯說想把「iPod進化成電話」時，周遭的人也幾乎都不能理解他的想法，說不定還有人覺得這是「無稽之談」。

從中誕生的創新，能改變這個世界。

孕育出創新的「既有知識的結合」

人類發展的歷史也是創新的歷史。

輪子最早出現在5千年前，源自蘇美人在運送物品的橇下裝設的車輪。當時的車輪是將圓形的木板接合，從中心插入軸棒後，在外層覆蓋動物的毛製成。多虧了輪子的出現，人類的運送技術急速進步。

在2千年前的羅馬時代，凱爾特人將燒過的鐵輪嵌在木輪外圍，發明出「鐵車輪」，大幅提升輪子的強度及壽命。一直到橡膠輪胎誕生為止，這種鐵輪存活了1千9百年。

當創新問世時，會從根基撼動傳統，大幅改變世界。自從遠古時代以來，人類就不斷地創新，持續進化至今。

創業與新創事業在多數人眼中魅力非凡的原因，也是因為背後藏著帶領社會發展的可能性。

熊彼得將孕育出創新的「既有知識與既有知識的結合」稱為「**新結合**」，並舉了以下5個例子：

【①做出新產品】iPhone是由3款產品組合成的新產品。

【②想出新生產方式】Book20《追求超脫規模的經營》中介紹的「看板方式」就是結合了傳統生產系統與美國超市系統。

【③成立新組織】 Book42《幸之助論》中介紹的松下電器事業部制度，面對公司規模擴大後員工愈來愈沒有責任感的問題，結合過去旗下小企業的優點，徹底施行權限委讓，讓員工們抱持著責任感。

【④開拓全新販賣市場】 Book41《永不放棄》的作者雷・克洛克，將麥當勞兄弟發明的漢堡生產系統與加盟連鎖構造結合，將麥當勞拓展到全世界。

【⑤找出新的供應源】 雖然玉米可當作生物燃料，但會受到穀物等食物價格上漲的影響。Euglena正在嘗試將玉米與眼蟲藻結合，試圖創造出新世代的生物燃料。

人人都能成為企業家（創業家）

像這樣孕育出創新的人是企業家。

但企業家並不是發明家。發明家的職責是催生出新點子。

企業家的職責則是利用發明（新點子）展開新事業。

賈伯斯堪稱企業家之最，他並沒有發明出新技術，而是將既有知識結合，引起創新，大幅改變了這個世界。

企業家會大膽嘗試新事物，或是改用新方法做原本的事情。就算不是驚天動地的創舉也沒關係。熊彼得說：「哪怕只是小事，只要肯嘗試全新的事情，就能稱得上企業家。」

也就是說，你也能成為企業家（＝創業家）。

此外，熊彼得將企業家跟資本家區隔開來，他表示：「**創新需要靠企業家和資本家共同實現，但背負風險的人不是企業家，而是資本家。**」

生意的成功充滿不確定性。資本家投資充滿不確定性的生意，承擔失敗後血本無歸的風險；企業家無需在意風險，而是要負責發展出成功的事業（有些創業者身兼企業家及資本家）。

日本人則對這兩個職責的界定相當模糊。

傳統日本人創業時，會先向銀行融資，企業家（＝經營者）本人通常是公司的貸款保證人。但這麼一來，一旦該事業失敗，經營者本人就會失去一切，難以東山再起。因此，最近也出現了經營者本人不必成為貸款保證人的創業投資制度，即使創業失敗，也有機會重新挑戰。

距今100多年前，熊彼得站在經濟學家的角度主張「振興事業，實現創新，勇於嘗鮮的企業家，才是帶動經濟發展的關鍵人物」。

之後，熊彼得的思想跳脫經濟學領域，成為新型創業論及創新論的源頭。

身為商業人士的我們，也經常想透過結合既有知識的方式，孕育出全新的產品。熊彼得還有很多值得我們學習的地方。

將既有知識重新結合，孕育出創新。

18

《創業四步驟》

——好商品銷量不佳，是因為沒做好顧客開發

（暫譯）*The Four Steps to the Epiphany*（K&S Ranch）

史蒂夫・布蘭克

前矽谷創業家，也是教育家及作家。曾創立8家公司，其中有4家是上市公司。退休後從事創業教育，在史丹佛大學、加州大學等授課，教授創業方法及企業家精神教育。整合出實踐顧客開發模式的「精實互動」課程，經美國國家科學基金會採用。

「這是我們投入所有技術，開發出符合大眾期待的商品，絕對會大賣！」

事實上，這世上有非常多像這樣大張旗鼓宣傳，結果卻銷量慘澹，默默退出市場的「黑歷史商品」。

明明符合大眾的期待，為什麼會淪落到這種地步呢？

多數企業都是按照**「產品開發模式」**開發商品。

「決定設計理念→開發產品→測試產品功能→上市販售。」

從本書作者布蘭克的觀點來看，「這種模式簡直是大錯特錯，根本沒有驗證顧客會不會買」。

布蘭克是事業創辦者，也就是「創業家」。他曾參與8家公司的創業，帶領其中4家公司上市，被譽為「傳說中的創業家」。這本書是濃縮了他畢生經驗的精華。

也許有人會覺得「自己只是小員工，跟創業沒有關係」，但開發新商品的方法就跟創業一樣，小員工同樣能從本書獲益良多。

布蘭克說：**「不要開發產品，而是要開發顧客。」**或許有人會以為「開發顧客是業務的工作」，其實不然。說到底，新商品的用途就是「為顧客提供新的價值」。

商品成功，是因為顧客看出價值而購買。

商品失敗，是因為顧客看不出價值而不買。

不是要滿足大眾的需求，而是要先驗證是否有真的會掏錢的顧客後，再想辦法開發該顧客。為此，必須先思考以下的問題。

「產品開發模式」和「顧客開發模式」

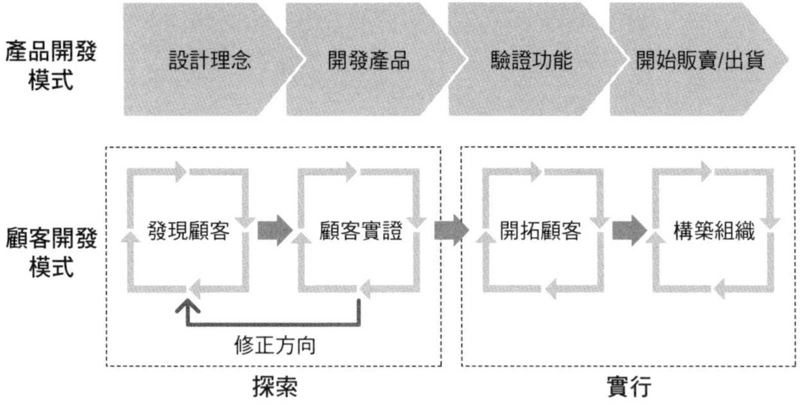

出處：《創業四步驟》（經作者部分修改）

- 自家公司的產品能解決顧客的哪些問題？
- 顧客是否認為該問題很重要？
- 要怎麼做才能開發該顧客？

如圖所示，**「顧客開發模式」**共有4個步驟，一開始先徹底鎖定少數顧客，一步步前進。在最初的步驟重複**「發現顧客」**和**「顧客實證」**的循環。具體來說要如何前進呢？

發現運動員市場的「愛維福」

花式滑冰選手淺田真央還是現役選手時，電視曾拍到她從海外返抵成田機場的畫面，當時她除了運動包以外，還背著一個捲起來的大行李，裡面裝的是能鋪在床墊上的「airweave」

愛維福床墊。

「為了表現出更精湛的演技，我希望能透過睡眠消除疲勞。」淺田真央從2009年開始，就天天躺在愛維福床墊上睡覺。這個愛維福床墊是怎麼誕生的呢？

愛維福原本是一家製造釣線等塑膠成型機械的公司，但業績每況愈下，公司決定「用固定塑膠線的技術來製作高反發緩衝材」，專為企業製造沙發緩衝材，結果完全賣不出去。

後來愛維福將目標轉為針對一般消費者的寢具，試做了200張床墊，提供給相關人士使用，獲得一致好評。

於是他們便投入4千萬日圓的年度廣告費，將Airweave床墊上架販售，但該年度僅賣出180張，業績才1千萬日圓。商品明明很棒，卻乏人問津。

就在此時，有位運動員顧客給了極大的正面回饋。

Airweave床墊主打能透過睡眠消除疲勞，對運動員來說無疑是致勝武器。

儘管業績不甚理想，愛維福也有了巨大的收穫，就是發現了「運動員」這個市場。

之後，愛維福提供airweave床墊給運動員使用，持續改良，到了2008年的北京奧運時，已經有70名選手都使用airweave床墊。之後愛維福依然認真傾聽運動員的意見，不斷進行改良，一直到2010年的溫哥華冬季奧運時，已經有7成的日本選手都使用airweave床墊。

愛維福面對頂尖運動員的需求，勇於嘗試，向運動員們學習，使商品逐漸成長茁壯。之後世界盃足球賽的代表選手也開始使用airweave床墊，全日空國際線也在聽聞airweave床墊的好評後，將之導入頭等艙，高島屋等一流百貨公司也開始設櫃販售，airweave床墊因此成了「一流寢具」的代名詞。

愛維福實踐了「顧客開發模式」，在不斷嘗試的過程中，發現「運動員」顧客，向顧客學習及實證，一步步成長至今。

布蘭克也介紹了像這樣發現及鎖定顧客的方法。

首先是**要有正為問題所苦，且確實意識到該問題的顧客**。運動員的問題是「想擁有高品質的睡眠」。再來是**該顧客需要在期限內找出解決辦法**。運動員們想在奧運前養好身體。最後是**顧客肯花錢解決問題**。運動員們為了有良好的睡眠品質，會不惜花錢投資。

此外，還必須暫時忽視第1個階段中的其他廣大顧客群。

產品開發團隊的時間、人力、資源和資金都有限，必須徹底鎖定少數顧客，開發出他們「無論如何都想擁有」的商品。愛維福就是鎖定了運動員顧客，集中心力解決他們「想擁有高品質睡眠」的問題。

產品開發失敗的原因

另一方面，以下所述的傳統產品開發常識，在顧客開發模式中都是錯誤的。

錯誤1 試圖滿足所有顧客的需求

不要網羅多數顧客，而是鎖定少數顧客，實現他們無論如何都想要的功能。一般消費者通常「想要柔軟的寢具」，但運動員並不這麼認為。

錯誤2 直接把顧客期望功能表交給產品開發團隊

營業團隊常會把顧客的希望表直接交給產品開發團隊，但這樣只會增加開發作業的負擔而已，沒人能保證顧客絕對會買。必須找出少數顧客無論如何都想擁有的最小機能。運動員必須擁有「高品質的睡眠」。

錯誤3 實際召集顧客進行訪問，確認是否會購買

很多人雖然在訪問時會回答「想要」但實際上並不會購買。必須得到少數顧客的保證，確認「一定會買」。運動員們會在百忙中抽空積極協助。

只要少數顧客只有唯一的選擇，新商品就能賣得出去。

少數顧客購買後，再將範圍拓展到更多顧客。愛維福主打「追求高品質睡眠的奧運選手都在用」，將產品定位為「一流人士使用的寢具」，打入想追求舒適睡眠的消費者市場。

新產品想獲得成功，不光是產品本身要完美無缺，也不需要廣泛聽取大眾的意見，而是要找出「無論如何都需要該產品」的少數顧客，使該產品成為少數顧客唯一的選擇，之後再來拓展顧客範圍。必要的不是產品開發，而是顧客開發。

POINT

找出為問題所苦的少數顧客，開發出獨一無二的產品。

19

《精實創業：用小實驗玩出大事業》（行人）

——從顧客身上「學習」到的東西能帶來新商機

艾瑞克・萊斯

創業家。著作《精實創業》中介紹的精實創業手法在商業界掀起一股巨大的風潮，世界各地的企業和商業人士皆踴躍實踐。除了個人任職CTO的IMVU以外，也為許多初創企業、創業投資公司，以及奇異公司等大企業提供事業策略和產品策略意見。

本書用淺顯易懂的方式介紹初創企業（世界上初次創立的新企業）成功的方法。

事實上，這本書的靈感是來自Book20《追求超脫規模的經營》。

乍看之下，豐田和初創企業似乎沒有太大的關聯，但本書書名的「精實（lean）」，其實就是源於美國學者為豐田生產模式取的名稱「精實生產方式」。

「精實生產方式」重視現場學習，徹底省去一切浪費。

「精實創業」也主張「**不能為顧客帶來利益的活動全都沒用**」，重視向顧客學習，徹底省去一切浪費，創立新事業。

本書作者萊斯是初創企業IMVU的年輕最高技術負責人，也是Book18《創業四步驟》的作者布蘭克的頭號弟子。

他將落實於現場及從中學到的經驗統整成進化型方法論，命名為「精實創業」，現為廣大的業界提供顧問諮詢服務。

布蘭克在《創業四步驟》中提到「必須趁早發現需要商品的顧客」，萊斯進一步提倡「必須盡早做出顧客所需的**『最小可行產品』**，並趕緊驗證」。他將這裡提到的「最小可行產品」稱為**「MVP」（Minimum Viable Product）**。

向顧客學習，持續改善

不過，愈堅守傳統產品開發流程的人，愈容易產生「商品和服務不可能這麼簡單就完成」的想法。接著從實例來思考該如何行動。

在美國有一家名叫「薩波斯」的網路鞋公司。

薩波斯創立於1999年，當時網路購物的風氣尚未盛行，再加上買鞋前需要試穿，無論事先做了多少調查，也無法估算業績。因此，薩波斯做了簡單的MVP，實際驗證能賣出多少雙鞋子。

他們先徵得附近鞋店的同意，拍攝鞋子的商品照。跟店家說：「我們會把鞋子放在網路上賣，如果有人下單，我們再用原價跟你們買。」

接著，他們花了幾天的時間建立簡單的網站，放上鞋子的照片，做好下單系統。

實際試做後，真的有人下單了。

他們從試賣的過程中瞭解到降價對買氣造成的影響，也學到了處理鞋子退貨的方法。

於是，薩波斯開始在網路上賣鞋，業績急速成長，最後被亞馬遜巨資收購。

精實創業重視「學習」的累積。先以「點子」為主軸「建立」產品（＝MVP），接著「測量」顧客反應等資料，再從結果累積「學習」，不斷重複此學習循環。

這就是日本人熟悉的「改善活動」，只不過這是徹底從顧客角度出發的改善活動。重視從顧客身上學到的東西，持續進行改善。

這裡有個容易掉入的陷阱。就是為了做到完美無缺，而花費大量時間在第1個學習循環。事實上，花費大量時間這個行為本身就是個極大的浪費。

舉例來說，若薩波斯認為「呈現在顧客眼前的網站一定要精緻美觀」，花費1個月的時間製作網站，這1個月間從顧客身上學到的東西完全是零，等於這整個月都浪費掉了。

實際上，薩波斯只花了幾天製作簡單的MVP販售網站，實際販售鞋子，取得銷售資料，開賣短短數日就得到學習成果。

接著再依照此學習成果試著降價、處理退貨需求等，用最快的速度重複學習循環，在短時間內累積大量的學習成果。

由此可知，最重要的事並非完美做好所有活動，而是要重複大量的學習循環，累積從顧客身上學到的東西。

「學習」的回饋循環

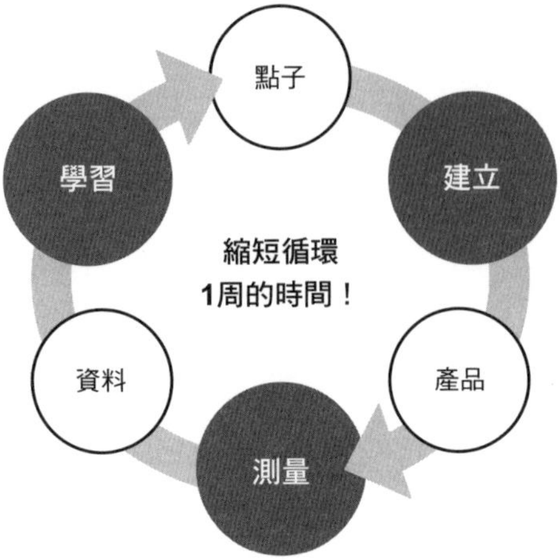

點子
建立
產品
測量
資料
學習

縮短循環
1周的時間！

出處：《精實創業》

只要這麼做，就能將成立新事業時的浪費縮小到極限。

轉換策略方向的「軸轉」

一般人常會認為，新創事業和創業時，最需要的是驚天動地的點子。

但其實這只不過佔了整體的5%而已。

其他95%包括排定產品優先順序、挑選顧客、驗證顧客、收集資料、重複學習、修正方向等實實在在的作業。

美國波提森公司的創辦人「想建立能讓市民參與政治的管道」，花了3個月的時間做出掌權者間能互相聯繫的網路平台，但登錄人數和使用人數都寥寥可數。公司花了8個月的時間改善網站的細部功能後，登錄人數雖有持續增加，但仍遠遠不及當初設定的目標人數。

於是，波提森大膽調整平台功能，廢除掌權者間能互相聯繫的功能，增加使用者能直接透過網路發表意見給政治家的功能，結果登錄人數和續用人數都急速增加，但其中只有不到1％的人「願意付費」，這樣就無法獲利了。

因此，他們繼續轉換方向，改成向有在從事遊說活動的企業收取資金，但沒有任何一家公司願意簽約。

他們只好再次轉換方向，將網站改頭換面，讓使用者能花20分美金傳1封訊息給想實現同樣政治運動的夥伴，結果登錄人數和續用人數都大幅增加，而且有11％的使用者願意付費。

波提森積極調整網站功能及修正策略方向，終於獲得成功。

本書將這種策略方向調整稱為「**軸轉（pivot）**」，意思是「改變方向」。

從此例可以看出，最重要的就是要實實在在地站在顧客的觀點持續進行改善。

回頭看看日本，有人認為「改善太過時了」，還有人認為「就是因為反覆進行改善活動，所以日本才淪落到這般地步，要有新想法才行」。

簡直是無稽之談。在日本第一線經過千錘百鍊的改善活動，早已進化成矽谷主張的「站在顧客的角度不斷學習」的形式，在全球各地落地深根，孕育出大量新事業。矽谷的創業家們打從心底明白，**「驚天動地的點子只佔整體的5%，其他95%都是實實在在的改善作業」**。

正因為這些人都是挑戰未知領域的世界頂尖企業家，所以他們才明白，站在顧客角度出發進行改善活動，不斷累積新知識，比什麼都重要。

眼下的時代，更應該站在顧客的角度，重新檢視改善活動。

POINT

用最小的力氣做出顧客需要的MVP，然後實實在在地持續改善吧！

20

《追求超脫規模的經營：大野耐一談豐田生產方式》（中衛）

——「過量生產造成的浪費」才是萬惡之源

大野耐一

將以看板管理等生產系統聞名於世的「豐田生產方式」體系化的重要人物。1912年出生於中國大連，1932年從名古屋高等工業學校畢業後，入職豐田紡績，之後轉調豐田汽車工業，曾任該公司副社長及顧問、豐田合成顧問、豐田紡績會長等。1990年逝世。

豐田是全世界最有效率的汽車製造商。本書介紹了豐田的生產方式，作者大野耐一是奠定**豐田生產方式**的世界級人物。本書於1978年出版，至今依然深受各國讀者喜愛。

之所以將本書歸類在第3章的「『創業』與『新創事業』」，主要是因為本書對全球商業人士的創業觀念造成極大的影響。如今已成經典教科書的Book19《精實創業》，就是作者艾瑞克・萊斯在學習了徹底消滅一切浪費的豐田生產方式後，所建立的進化型方法論，提倡從顧客觀點出發成立新事業。

本書貫徹**「徹底消滅浪費」**的原則。

「浪費」指的是任何需要花費成本，但無附加價值（產出）的東西。豐田生產方式徹底排除所有浪費，追求最佳效率。

企業經常產生許多浪費，其中最嚴重的浪費是「生產過剩」。

舉個例子。妻子忙了整個下午為丈夫做美味的晚餐，結果晚上丈夫卻打電話來說：「對不起，我今天晚上要和上司喝酒，晚餐不吃了。」

妻子付出了整個下午的勞力、時間、精神、食材費，全都化為烏有。生產太多沒人用的東西，會造成嚴重的浪費，是這個世上的不幸。

用「Just in Time」消除浪費

在豐田生產方式中，有2大消除浪費的方式。

其中之一是「**Just in Time（JIT）**」。豐田的工廠裡共有3000個（1978

年時）汽車零件，並有數十、數百道零件加工及組合工程，每道程序都「把必要的零件、只有必要的量、在必要的時間生產」，就是ＪＩＴ。為什麼ＪＩＴ是必要的呢？

在我還單身時，每到週末都會思考「下週的食譜」，一次買齊整週的食材，結果經常把食材放到腐壞。這種採購方式在工廠裡稱為**計畫生產**。然而，就算制定了計畫，現實也往往不會按照計畫走，因此會導致浪費產生。

現在我每天都會去採購食材，思考當天要吃的料理，只買必要的食材回家。這種「把必要的食材、只有必要的量、在必要的時間購買」正是符合ＪＩＴ的做事原則，能避免丟棄食材造成的浪費。ＪＩＴ在工廠裡大規模執行此原則。

採用ＪＩＴ的工廠，會按照訂單決定當天生產的汽車數量，只準備必要的零件，沒有從一開始就制定「要生產多少輛汽車」的計畫，而是從最終程序回頭思考，只準備各程序必要的零件。

不過，一開始就算跟工廠說「只準備要交給下個程序的必要零件就好了」，現場工作人員依然會準備多餘的零件。

因為人類習慣確保多於必要數量的庫存。我也常常會不小心冒出「為了以防

從後工程回頭思考，前工程只製造必要的東西

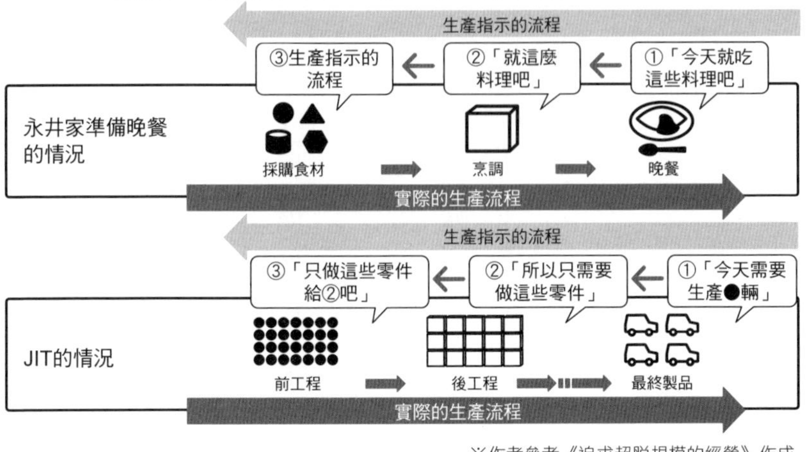

※作者參考《追求超脫規模的經營》作成

萬一多買一些食材」的想法，但通常都用不到，而多餘的庫存反而會造成浪費。

為此，大野建立了將「真正必要的東西」可視化的構造，名為**「看板方式」**。

看板方式的靈感來自大野在美國超市看到的「看板」。超市也會「只把必要的商品、只有必要的量、在必要的時間進貨」。為了維持商品的齊全，超市會把寫有銷售數量的卡片交給採購部，讓採購部依照卡片上的數量補充商品。豐田將此模式應用到工廠裡。

為了將超市的採購模式複製到工廠，大野把工廠工程的前工程視為超市、後工程視為顧客，如此一來，身為顧客的後工程就能在必要的時間，跟身為超市的前工程領取必要的零件數量。至於告知必要零件數量的手段，就是「看

板」。「看板」是張紙卡，上面寫著零件製造及搬運的必要情報，零件經常會跟「看板」一起移動。

「人字旁」的自働化

另一個消除浪費的重要方式是**「自働化」**。並非自動化，而是人字旁的自「働」化。

自働化的原型來自豐田剛創業時。明治初期，織物普遍採用手工紡織。豐田佐吉在1896年發明了自動織機，能在檢查到斷線等異常狀況時自動停止運轉。不光是自動織布，還能在「運作（日語為「働く」）」時分辨好壞，因此稱為「自働化」。

在豐田的工廠內，當標準作業無法完成時，所有員工都會停下生產線上的工作，檢查問題所在，並將解決對策導入標準作業中，避免問題再次發生。

此時，豐田為了確實鎖定問題，會追根究柢思考**「5次為什麼」**。

假設發生了「機械停止運作」的問題，豐田會像這樣思考：

「為什麼機械會停止運作呢？」→「因為承受不住負荷，保險絲斷裂了。」

「為什麼會承受不住負荷呢？」→「因為軸承沒有確實潤滑。」

「為什麼沒有確實潤滑呢？」→「因為潤滑幫浦沒有輸出足夠的量。」

「為什麼沒有輸出足夠的量呢？」→「因為幫浦的軸已經磨損了。」

「為什麼會磨損呢？」→「因為沒有裝過濾器，粉塵跑進去了。」

如此一來，只要採取「裝設過濾器」這個解決對策，就能避免問題再次發生。

探究原因時必須**以事實為思考基礎**，因此需要徹底執行現場主義。

豐田的工廠裡裝有能顯示生產現場異常狀況的表示盤，名為「安燈」。安燈是能根據事實管理問題的道具，從安燈一眼就能看出哪個環節出了問題。

而看板方式也是基於「要做什麼」的事實來消滅浪費的道具。

豐田毫不避諱地公開豐田生產方式，生產工廠也對外公開，但為什麼還是有很多企業在仿效豐田生產方式，以及導入「看板方式」後，反而導致很多問題呢？

無視生產現場的狀況，依樣畫葫蘆導入豐田生產方式，當然不會一帆風順。

豐田生產方式的思維是現場主導。多虧了自律神經，即使大腦沒有下指令，心臟也會自行跳動，腸胃也會自行消化食物。生產人員就像自律神經一樣，應主動思考後採取行動。他們必須在學習豐田生產方式的根本思維後，在腦中不斷思考，自行消化，將之融入自身的血肉。

這種豐田生產方式的思維，現在已經突破生產現場，大幅拓展到全球各領域。正因如此，重新理解豐田生產方式的思維顯得更加重要。

POINT

現代人更應該學習以事實為基礎、徹底消滅浪費的豐田生產方式。

21

《迎變世代：臥底經濟學家，教你用失敗向成功對齊》

——從失敗中學習能孕育出進化

（早安財經）

提姆・哈福特

《金融時報》資深專欄作家，長年撰寫專欄《The Undercover Economist》。於2006年～2009年間擔任《金融時報》編輯委員。曾任職於殼牌及世界銀行。於2011年～2017年間擔任英國皇家經濟學會評選委員，是英國皇家經濟學會的榮譽院士，也是牛津大學納菲爾德學院的客座院士。

用一句話來總結本書想傳達的訊息，就是「**不要花太多時間在計畫上，不要害怕失敗，不斷嘗試錯誤，多挑戰新事物**」。

滴水不漏的計畫，依然容易碰壁。現實世界中有太多的意外，沒人能事先預料所有可能性。那要怎麼做才好呢？

身兼經濟學家及記者的本書作者哈福特，從生物學中找到靈感。

原本是單細胞的生物，經過漫長的演變，進化成人類。但生物的演化不在任何人的計畫之內，完全是自然而然形成的。

曾有人用電腦模擬生物演化，先用ＣＧ做出水槽環境，放入型態及動作模式都極為單純的假想生物，接著應用「變異與選擇」的進化模式，排除在水槽底部掙扎的個體，指示電腦隨機變化會游泳的個體。最後，除了出現形似蝌蚪、魟魚、鰻魚的假想生物以外，還孕育出大量跟地球生物毫無相似之處的個體。

生物從突如其來的變異中誕生後，不適合環境的生物遭到淘汰。現在複雜的生命，都是經過無數次的變異與淘汰，長時間進化而成的結果。

持續變化到適合環境為止

「變異」和「選擇」這種嘗試錯誤的思維，也能運用在商場上。

不斷嘗試出人意料的新點子，肯定會面臨很多失敗，但這些失敗都是非常重要的。在變化劇烈的商業環境中，我們能透過從失敗中學習的方式，進化成能適應環境的個體。

不過，多數大組織都只想「規劃完美的計畫」，不願意嘗試錯誤。不僅如此，人還容易順從本能，拒絕承認錯誤及調整方向。這就是「從錯誤中學習」這件事情「說起來容易做起來難」的原因。

達爾文曾說過這句話：

「能存活下來進化的生物不是最強大的，也不是最聰明的，而是懂得順應環境不斷變化的。」

順應環境不斷變化，才有辦法進化。但要怎麼做才好呢？哈福特指出以下3個階段。

階段1 **不斷嘗試**↓但必須做好心理準備，任何挑戰會面臨失敗

階段2 **別讓失敗造成大問題**↓一步步慢慢前進，事先制定好對策，避免失敗後造成太大的影響。不要下太大的賭注

階段3 **承認失敗**↓不承認失敗就無法從失敗中學習

大企業Google至今仍不斷嘗試新挑戰，過程中也遇到多不勝數的失敗。

儘管大動作宣傳的ＳＮＳ平台Google+終止服務，收購的機器人先進企業也賣給SoftBank，Google依然不放棄迎接新挑戰。

Google清楚明白「大部分的實驗性嘗試都會失敗」，因此鼓勵員工不斷犯錯。這就是他們的企業文化。Google前執行長艾立克・史密特說道：

「我認為我在Google的任務並非做決策，而是扮演催化劑的角色，促進員工間的交流，讓他們有能力自己做決定。」

沒有制式企業策略，靠個人挑戰催生出創新力，正是Google的企業策略。

在停止變化的當下就會開始衰退

１００多年前，愛迪生招募了數千名人才到「發明工廠」，孕育出１０００多件發明與革新技術。他留下這些話：

「1萬次的失敗並不是失敗，每失敗1次我就往前更進一步。」

「真正的成功取決於能在24小時內做多少次實驗。」

迅銷集團的柳井正社長也曾說過：「我失敗的次數遠比成功的次數還要多，

是1勝9敗。」即使如此，他依然勇於挑戰，因為轉攻為守、安於現狀反而更加危險。在停止變化的當下，就等於已經停止進化，而且還開始衰退了。

多數萎靡不振的日本大企業都畏懼風險，態度消極，不願意改變。若是賭上公司命運的豪賭，確實應該避免，但若能照著本書的3個階段勇敢挑戰，從失敗中持續學習，企業也能在日新月異的環境中不斷進化。

POINT

以失敗為前提，反覆嘗試小挑戰，承認失敗，持續進化吧！

22 《從0到1》——找出「隱藏的真實」（天下雜誌）

彼得・提爾

矽谷最受矚目的創業家、投資家之一。1998年共同創建PayPal，擔任執行長，2002年被eBay以15億美元收購。PayPal的初創成員有PayPal黑手黨之稱，在矽谷有極大的影響力。對在航空宇宙、人工智慧、先進電腦、能源、健康、網路等領域擁有革新技術的初創企業進行投資。

本書作者提爾是全球最大的第3方支付服務商PayPal的創辦人。

他用PayPal被eBay收購後得到的巨額資金創立了許多企業。PayPal的初創成員擁有極大的團結力和影響力，被外界稱為**「PayPal黑手黨」**。創立SpaceX、同為特斯拉汽車經營者的伊隆・馬斯克就是其中1人。

PayPal黑手黨在矽谷有著巨大的影響力。

提爾本身也以投資家的身分投資多數初創企業。他將自身經驗和在史丹佛大學授課的講義內容統整成本書。

本書介紹從0創造出1（=新的發現）的方法。自古以來，人類就不斷從0創造出1，持續進化至今，但我們無法從現在預測未來，就像一直到不久前，都還沒有人能預料到，人類會迎來網路無遠弗屆的時代，無論身在何方都能用手機視訊，不進公司也能上班。

提爾認為，這世界的進化能分成2種類型。

第1種是「**從1到N**」，也就是參考過去的成功實例，精益求精。但這不代表能創造出新東西，而且早已有競爭對手存在，將面臨過度競爭的局面，導致收益減少。

第2種是「**從0到1**」，也就是做沒人做過的事情，不參考過去的成功實例。只要無競爭對手就能獨佔市場，獲得高收益。

你會怎麼做呢？答案就藏在提爾面試時一定會問的問題裡。

「**你認為幾乎沒人贊成的重要現實是什麼呢？**」

你會怎麼回答呢？先暫時闔上書頁，試著想想看。

競爭是巨大的浪費

這個問題看似簡單，其實非常困難。

「人不會隨身帶著錢」就是個錯誤答案，因為現在還是有很多人贊成隨身帶錢。

在多數人從未懷疑過、超脫常識的地方，藏著**「隱性現實」**，隱性現實是通往未來的進化種子。譬如說，有人在2009年時這麼想：

「若能把想移動的人跟想載人的人連結在一起，絕對能創造出巨大的商機，但大多數人都認為『街上有計程車就足夠了』，從未留意過這個商機。」

當時幾乎沒人贊成這個想法，但如今實現「把想移動的人跟想載人的人連結在一起，能創造出巨大的商機」這個隱性現實的叫車服務業者，就是鼎鼎大名的Uber。在2018年，Uber已經成長為全世界知名的大企業。

若有人想複製類似的模式，就會引起競爭，而競爭本身就是極大的浪費。找出「隱性現實」，創造出能實現隱性現實的市場，獨佔並支配，即能避免無謂的競爭。

在此情況下誕生的獨佔企業有4大特徵：

①擁有勝過最強競爭對手10倍的「**獨門技術**」。例如，Google靠搜尋功能、Amazon靠豐富品項輾壓對手。

②Facebook的價值在於多數親朋好友都在使用。運用的是使用者愈多愈便利的「**網路效果**」。

③追求「**規模經濟**」。獨佔企業大多是軟體公司，軟體的成本幾乎都是研發費，使用者增加不會影響到成本，只要增加使用者就能獲得高收益。

④用這些實績打造出「**強大的品牌**」。例如，現在大家一提到搜尋就會想到Google、一提到SNS就會想到Facebook。

跟抱有相同願景的少數人共同起頭

多數人在展開新事業時，都認為要「考慮大市場」，但提爾認為這是個嚴重的錯誤想法，應該要縮小範圍，先獨佔小市場才對。

提爾剛推出PayPal的支付服務時，鎖定常在eBay購物的數千名活躍用戶，花3個月的時間集中推廣，確保4分之1的活躍用戶使用PayPal的支付服務。

先獨佔小市場後，再慢慢擴大規模。Amazon也是先有了齊全的書籍種類後，才擴大規模，開始導入唱片、影片等商品。

從小市場著手這點類似Book13《跨越鴻溝》提到的「深入顧客有需求的小市場後，跨越鴻溝到更大的市場」。

從0到1的第1步是最重要的。提爾提出「**提爾法則**」的說法：「**在創建公司時造成的錯誤，公司一生無法解決。**」

先建立明確的願景，與夥伴們共享想法，有計畫地決定事業內容，接著跟抱有相同願景的少數人共同起頭。提爾解釋了這麼做的原因：

「**時間是最珍貴的資源，把時間花在不想一起共事的人身上，未免太可惜了。雙方的牽絆愈強，工作起來愈舒適，將來的發展也會更順遂。因此，一定要雇用真心想一起工作的人。**」

PayPal聚集了一群抱有相同願景的熱情夥伴，彼此間至今依然有強烈的牽絆。新事業剛成立時，人手肯定不足，經營資源也有限，不以速度取勝就會立刻遭到淘汰，所以必須找一群跟自己相似的人。

此外，對於Book19《精實創業》及Book18《創業四步驟》提到的做法：聆聽顧客的聲音，做出MVP（Minimum Viable Product：最小可行產品），在反覆嘗試中進化。提爾也持反對意見，他認為「這樣的格局太小了，沒有大膽的計畫，光是反覆嘗試，沒辦法從0創造出1」。

精實創業的理念是基於Book21《迎變世代》介紹過的達爾文進化論。提爾的理念則是基於相對於進化論的**「智能設計論」**。智能設計論否定了進化論，認為「宇宙和生命都不是在偶然間誕生，而是由擁有高度智慧的存在創造而成」。智能設計論的理念比起科學更接近宗教，但在這裡探討其對錯，也是毫無意義。

提爾認為，**「若想從0到1，從一開始就必須有偉大的意識」**。他近乎狂熱地堅信著，只要不受限於常識，找出大多數人都不贊同的「隱性現實」，並勇於挑戰，必定能找到隱藏在背後的巨大商機。

我認為評論提爾的論點跟精實創業誰對誰錯，是一件很沒意義的事情。他們的確都用自己的方法，開創許多精彩的新事業。創新的手段不是唯一，每個人都有自己的方法，你只要選擇「貼近自身想法」的方法就好了。

像這樣整理後仔細想想，會發現日本企業相當極端，幾乎都是複製成功模式的「從1到N」企業。乍看之下能迴避風險，其實容易導致過度競爭，降低成功的可能性。

多留意「從0到1」提倡的藏在「隱性現實」背後的巨大金脈，也未嘗不可。

正因為自己只是小員工，才有辦法在不用負擔個人風險的前提下進行挑戰。若多數員工都能思考「隱性現實」，勇於挑戰企業肯定也能不斷創新。

POINT

找出「幾乎沒人贊成的重要現實」並想辦法實現吧！

23

《藍海策略》（天下文化）

——開拓沒有對手的新市場的方法

「跟競爭對手削價競爭，生意難有起色……」

「我想知道在競爭中獲勝的方法。」

很多經營者和經理人會找我討論這類問題。

過度的競爭會造成消耗戰。希望這些人都能讀一下這本書。

本書將競爭激烈的市場比喻為「**紅海**」，就像大量的鯊魚（企業）搶食數量不多的小魚（顧客），把整片海洋染成血紅色一樣。

金偉燦、芮妮・莫伯尼

同為INSEAD的教授，同校藍海策略中心的共同主持人。兩人共著的《藍海策略》是舉世聞名的暢銷書，也是史上最具影響力的代表性策略書籍。兩人在Thinkers50全球管理思想家中名列第3名，獲頒無數個世界級大獎。兩人也是藍海策略全球網絡的創辦人。

同時也將沒有競爭對手的新市場比喻為清澈的「**藍海**」。

書中具體介紹創造藍海的方法。

本書在2005年甫出版便引起轟動，「藍海」和「紅海」因此成為普遍用語。本書熱銷的主要原因，應該就是因為用「藍海」這個簡單易懂的稱呼來形容無競爭對手的新市場。這裡介紹初版10年後再版的新版本。

電話、汽車、超商、健身房等，我們的生活中充斥著各式各樣的商機，這些商機在100年前都還不存在。近30年間，也出現了手機、網路購物等30年前沒人預料到的市場。世界變化的速度愈來愈快，30年後絕對又會出現無數個意想不到的新市場。

這些新市場全都是從藍海中誕生，無一例外。

開拓新市場的「QB HOUSE」

創造藍海也有模式可循。

以本書介紹的QB HOUSE為例，試著思考一下。

①掌握一般理容院的策略

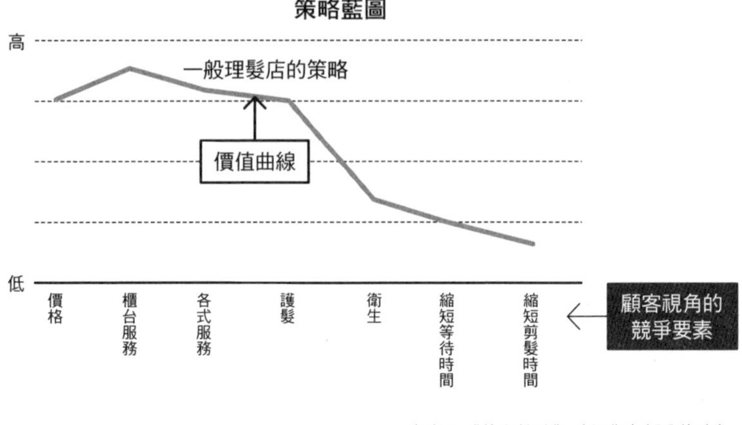

出處：《藍海策略》（經作者部分修改）

如果你是男性的話，每個月應該需要修剪1次頭髮。

雖然真正剪髮的時間只有短短10分鐘，但每間理髮店都還會加上額外的服務，費用也相當昂貴。服務內容包括洗髮、吹乾、蒸髮、造型、按摩肩頸等，有些店家還會端茶招待，而且很多店都必須事先預約。

應該有很多人「明明只是想剪個頭髮」卻浪費了1小時的時間，還花了3～5千日圓。

QB HOUSE的創辦人小西國義很困惑，「為什麼一定要被束縛在店裡這麼長一段時間呢？」實際調查後，他發現有3成以上的男性跟他有同樣的不滿。小西看到了「商機」，因此創辦了QB HOUSE。

QB HOUSE省略了洗髮、吹乾、造型、按

②思考「4個行動」

QB HOUSE的行動架構

刪除	增加
• 櫃台服務 • 水管施工	• 衛生 • 預計減低的等待時間 • 預計減低的剪髮時間
減少	**創造**
• 各式服務 • 護髮 • 價格	• 空氣清淨系統

※作者參考《藍海策略》作成

摩、茶水等服務，專心剪頭髮。

並用空氣清淨機吸掉剪髮後殘留的髮屑，省去水管施工作業，連開店成本都省下來了。還在店外裝設信號機，顯示空位狀況，省去櫃台服務，將價格壓低到1000日圓（現為1200日圓）。現在QB HOUSE的總店數已經突破500間，在持續衰退的理容業界中穩定成長。

從藍海策略的角度來分析QB HOUSE的策略。

①掌握一般理髮店的策略

站在顧客的角度，列出選擇理髮店的基準。這稱為**「顧客視角的競爭要素」**。範例如下：

價格、櫃台服務、各式服務、護髮、衛生、

③繪製全新的策略藍圖

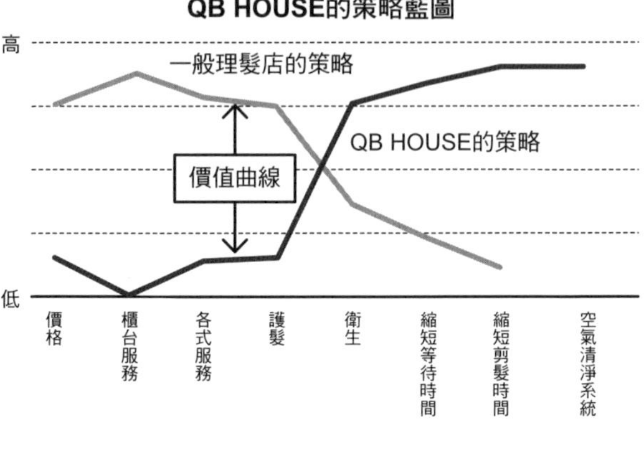

出處：《藍海策略》

縮短等待時間、縮短剪髮時間。

將這些要素置於橫軸，並將顧客眼中的價值從「低」到「高」評分，用曲線連結起來後，就能看出一般理髮店的策略。

這種歸納策略的圖表名為**「策略藍圖」**，畫在策略藍圖上的曲線代表提供給顧客的價值，名為**「價值曲線」**。

只要看一眼價值曲線，就會發現大街小巷的理髮店都採取類似的策略。

②思考「4個行動」

掌握業界的價值曲線後，整理以下問題的答案，做出行動架構。

Q1：需要刪除哪個被業界視為常識的要素？

Q2：跟業界標準相比，哪個要素應該直接**減少**？

Q3：跟業界標準相比，哪個要素應該大膽**增加**？

Q4：業界從未提供過、應該**創造**的新要素是什麼？

③繪製全新的策略藍圖

繪製自家公司的價值曲線。用形狀不同的曲線，讓顧客一眼看出QB HOUSE提供的價值跟一般理髮店有什麼不同。

就像這樣，藍海策略不分析對手的細節動向，而是掌握業界整體的策略，找出有別於以往的全新思維。

正所謂**「只見林，不見木」**。

不去思考贏過現存對手的方法，從顧客的角度出發，創造出尚無人提供給顧客的高價值服務，大膽顛覆業界常識，同時實現低成本。換個說法就是價值構造與成本構造的變革。

QB HOUSE的創辦人小西在接受媒體採訪時這麼說道：

「雖然有些同業把我們視為勁敵，但我們從沒想過要打敗現存店家。」

藍海策略的觀點肯定能激發極大的靈感，幫助讀者創造出零競爭對手的新市場。

別想打敗對手，而是站在顧客的立場思考，創造出新市場！

《航向藍海》（天下雜誌）
——「非顧客至上主義」能開拓新市場

金偉燦、芮妮・莫伯尼

同為INSEAD的教授，同校藍海策略中心的共同主持人。兩人共著的《藍海策略》是舉世聞名的暢銷書，也是史上最具影響力的代表性策略書籍。兩人在Thinkers50全球管理思想家中名列第3名，獲頒無數個世界級大獎。兩人也是藍海策略全球網絡的創辦人。

我在某業界的讀書會介紹Ｂｏｏｋ23《藍海策略》時，某位幹練的經營者問我：

「這套原則只適用年輕的新創公司吧？我們公司已經很老了，我也很喜歡現在的客人，但是市場已經逐漸衰退……我該怎麼做才好呢？」

本書就是解決此煩惱的教戰手冊。即使身處衰退中的市場，也有機會轉個彎成立新事業。

本書介紹一般公司開拓藍海市場的方法，基本手段和方法論跟「藍海策略」

無異，只是思維更貼近現實。

實際在公司裡制定好策略準備執行時，容易遭到多數人反對。

「這只是紙上談兵。」

「完全不符合現實，絕對不會成功。」

「不用改變現在的做事方法啦。」

持反對意見的人，無法打從心底認同。本書的核心是「**做出人性化的流程**」。挑戰新課題、制定策略及實際執行的人，是組織裡有血有肉的人類。正因為是人類，所以才必須讓他們發自內心認同每個行動。

跟第一線員工們聊過後，我深深發現有很多人「心裡明白站在顧客角度思考的重要性，但實際上很難辦到」。本書也能解決此煩惱。接著來看書中關於這2點的內容。

做出人性化的流程

最重要的是以下3點：

①細分前進的方法

我們很難一口氣解決「開拓藍海市場」這個大問題，但只要將此問題細分成具體的小作業，藉此「掌握業界現狀」，人人都有辦法解決問題。

②重視實際經驗

就算別人說：「這件事已成定局，你就這樣做。」我們也有可能難以接受，無法認真對待。但只要親身經歷過，打從心底認同「這是必要的」，多數人都會認真面對。像這樣不是遵守指示而是憑藉自身經驗，主管和現場員工都能自行發現變革的必要性。

③公正與信賴

「這是某些人關在密室裡擅自決定的事情。」只要腦中一有這種想法，人就很難認真面對事情。若能確定「公司做決定時參考了自己的意見」，人就能發揮出巨大的力量。

瞭解顧客的痛苦，找出目標

每個人都知道站在顧客角度思考的重要性，但意外的是，即使是內部員工，也有很多人沒用過自家產品，這樣就很難「站在顧客角度」思考了。

本書介紹了美國連鎖藥局遭到競爭對手追趕的例子。

這家公司認為「必須先瞭解顧客的想法」，因此招集高層主管，請其中一人扮演流感患者。團隊領導人下令：

「你今天先下班，去藥局買藥。」

這名主管依照指示回家，其他主管也跟他一起回家。

9點30分　在主管家裡集合。打電話給醫院，得知「看診時間從11點半開始」。

10點30分　出發前往醫院。開車時間45分鐘，又在大排長龍的候診室等了30分鐘。

11點45分　護士叫名字，脫到只剩1條內褲，量身高和體重。

12點15分　醫生看診，總算拿到處方箋。

12點25分　出發前往藥局。開車時間45分鐘，等待時間15分鐘。

14點00分　順利拿到處方藥。

每位同行主管的感想都是「實在受不了，別管感冒了，在家裡休息比較舒服」。

此時團隊領導人說：「這就是藥賣不出去的原因吧？」大家陷入一片沉默。到了討論時間。

如果藥局可以直接開處方箋，問題就解決了。安排醫師長駐的成本太過昂貴，上級護士也有資格開立處方，而且成本只要醫生的3分之1。主管們一致認同「安排1位護士能讓客人更開心，業績也會成長，應該能開拓藍海」。

一般藥局想提升業績時，通常會朝著增加品項或店面等方向思考，但這樣依然跟其他藥局在同個層面競爭，無法跳脫紅海。

徹底扮演顧客，就能發現從未設想過的顧客的痛苦之處。

想瞭解顧客時，一定要親自調查及分析。派主管或員工親自前往現場，實際觀察並吸收知識，讓相關人員全都打從心底認同後再開始作業。

我自己本身在參加企業新商品開發團隊後也發現，只要是團隊成員或我親自

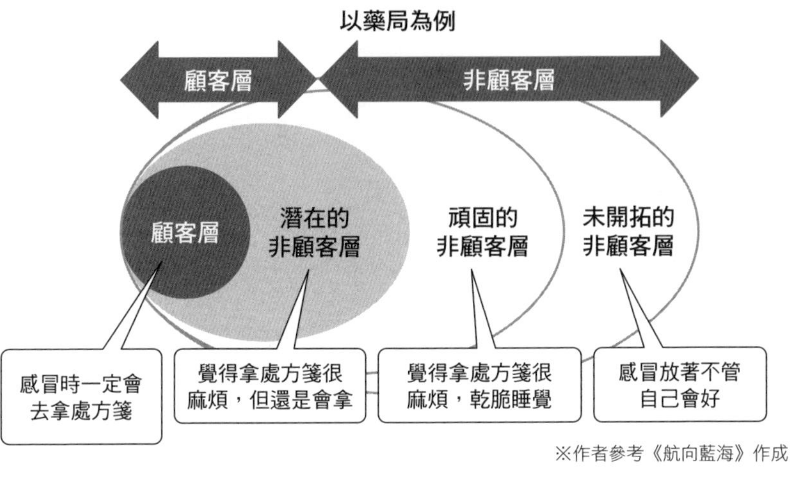

※作者參考《航向藍海》作成

到現場發現的問題，全員都會積極想辦法解決，商品開發計畫也因此順暢無阻。

實際上，藍海策略不是「顧客至上主義」而是**「非顧客至上主義」**。

爭奪現存顧客，將演變成紅海戰爭；挖掘還不是顧客的人，才能開拓藍海。為此，應找出「非顧客」的痛苦，並想辦法解決該痛苦。

「非顧客層」可分成3種類型：

①潛在的非顧客層↓逼不得以才用，之後有可能會停用

②頑固的非顧客層↓故意「不用」

③未開拓的非顧客層↓從沒想過要用

套入藥局的例子後，能完成右頁圖。

若能明白非顧客層抱持著怎樣的痛苦，就能透過解決痛苦的方式開創新藍海。「鎖定非顧客層」的概念，跟Book15《創新者的解答》介紹的「鎖定無消費者」相同。

即使身處紅海，也遍地都是通往藍海的契機。顧客肯定存有某些不滿，這些不滿都會成為創造藍海的機會。

認為「我們公司不適用藍海策略」的人，讀完本書後絕對能得到更大的收穫。

POINT

每個市場都有機會創造藍海。仔細觀察顧客吧！

《IDEA物語》（大塊文化）

——用設計思考突破靈感的束縛！

湯姆・凱利

IDEO公司的總經理。IDEO為多家一流企業研發產品，除了優秀的產品以外，其企業文化也備受矚目。與兄長兼公司創辦人大衛・凱利共同經營，主要負責事業開發、行銷、人事、活動業務等。親自落實IDEO的方法論：腦力激盪法及原型製作。

企業的競爭力取決於員工的想像力跟點子。

也許大家會覺得「只有天才才有驚人的想像力跟點子」。

但本書作者湯姆・凱利認為**「人人都可以是創造者」**。

以現今席捲世界的Google和Apple為首，多數世界級企業在建立組織時，都受到本書極大的影響。

凱利是設計顧問公司IDEO的高層幹部。

IDEO曾參與許多業界的新商品開發項目，像Apple最早推出的滑鼠，就是賈伯斯委託IDEO設計的。

也許你會認為「設計的重點不就是要讓產品看起來更酷嗎？不關我的事」，但其實並非如此。幫助設計手法發展成在作業現場也適用的問題解決法的媒介，正是「**設計思考**」。

本書在2001年出版，內容基於IDEO參與4千多件開發項目得到的經驗。

在此一併介紹凱利在4年後出版的《決定未來的10種人》的內容。IDEO採用的方法相當踏實，①先觀察人為哪些問題所苦②以及實際使用的狀態③接著想出重視點子的解決方法④確認該方法是否真的有效。來看幾個關鍵重點。

徹底觀察，理解使用者

試想以下的例子。已婚的花子，在婆家吃著婆婆煮的菜。她心想「好鹹啊，不合我的口味」，這時候婆婆笑咪咪地問：

「花子，味道如何？」

「非常好吃喔，媽媽。」

我們必須了解，顧客也跟花子一樣。

IDEO接到某軟體公司的委託，觀察使用者對新APP的反應。只見一群人聚集在房間裡，大家都板著一張臉，邊嘆氣邊生疏地用著難用的APP。

觀察結束後，軟體公司問使用者「有沒有需要改善的地方」，他們異口同聲地表示：

「完全沒問題，沒有需要改善的地方。」

這就跟說著「非常好吃喔，媽媽」的花子一樣。

顧客無法明確說明產品有哪些缺點。

因此，絕對不能光聽顧客的想法，一定要用自己的雙眼觀察，親眼確認。

P&G的「Crest」牙膏曾遇到牙膏卡在蓋內螺旋處乾掉後轉不起來的問題，

當時公司採用的解決方法是把蓋子改成開蓋式設計。

但問題並未獲得解決。實際觀察顧客後，發現他們仍習慣像原本一樣擰開蓋子，結果反而愈擰愈緊。

最後公司採取折衷案，設計出只需要擰1次的蓋子，結果大受好評，成為熱銷商品。

重點是必須親赴現場，徹底觀察顧客，鎖定問題。

無法靠腦力激盪法創造出點子的原因

很多公司為了得到新點子，會採取腦力激盪法。

但實際上很少有人真的能得到新點子，因為完全搞錯方法了。

本書介紹了**「腦力激盪法的6個大忌」**。

大忌1 以想出新點子為前提

主管率先宣言：「我想要新的點子，我們要爭取專利。」導致部下的想像力遭到侷限，靈感枯竭，從一開始就想不出好點子。

大忌2 **輪流發言**

就算用強迫的方式也逼不出點子。這種行為是打著民主名號的負面平等。

大忌3 **禁止非專業人員參加**↓其實很多厲害的點子都是外人想出來的。

大忌4 **在公司以外的地方（例如渡假地）開會**↓本來就應該在公司裡打造開放式環境。

大忌5 **否定點子**↓奇特的點子才是創新的種子。

大忌6 **記錄所有討論內容**↓當人在專心做記錄時，就想不出點子。

這些大忌都會阻礙點子生成。若有經理抱怨「我們公司的員工都想不出好點子」，那他絕對才是真正的元凶。

本書同時也介紹**「腦力激盪法成功的7個祕訣」**。

秘訣1 **明確定義，但不限制**

「AI技術能做到哪些事情呢？大家一起集思廣益吧！」這時候等於加諸了

「活用AI」這項限制，而且太過廣義，應將主語限定在課題或顧客就好，例如：「有沒有什麼方法能讓來日本旅遊的外國旅客不會迷路？」

秘訣2　寫出充滿玩心的規矩

為了催生出大量點子，IDEO的辦公室裡用大字列出好幾條規矩：「點子愈多愈好」、「盡量多提供點子」、「用具體的方式呈現」。

秘訣3　把點子量化

「量化」能孕育出「品質」。點子的數量還能刺激小組成員。能在1小時內產出100個點子的會議，流動速度快且品質高。

秘訣4　不要消滅會議間的氣勢

當會議中的氣氛逐漸冷卻時，主持人必須將話題帶到其他方向，促使點子源源不絕地湧出。

秘訣5　把會議過程寫在牆上，使之可視化

當人重新回到寫有點子的場所時，會回想起點子產出時的場景。

秘訣6　適情況先熱身

這些時候最有效：①小組成員未曾一同共事過。②未曾頻繁討論過。③心思

放在其他緊迫的問題上。

秘訣7 準備素材

實際準備各種素材，讓小組成員親手組合，表現出自己的點子。這種方法在製作接下來要介紹的原型產品時非常有效。

製作原型產品

幼稚園小朋友都是天才，一有想法就會馬上用泥巴或黏土塑形，或是用積木堆出形狀，有時候連大人都嘖嘖稱奇。這就是所謂的原型。小朋友一有靈感就會立刻做出形體，不滿意就破壞重做。

長大成人的我們，早已遺忘了這種方法。

設計思考將原型視為解決問題的手段。「製作原型產品很累人，既花錢又花時間。」也許你會這麼想，但其實並非如此。

IDEO參加全新鼻外科手術工具的研發項目時，雖然已經跟外科醫生討論了好一陣子，卻一直在原地打轉，這時候IDEO的年輕工程師先行離席，5分

原型產品能讓點子可視化

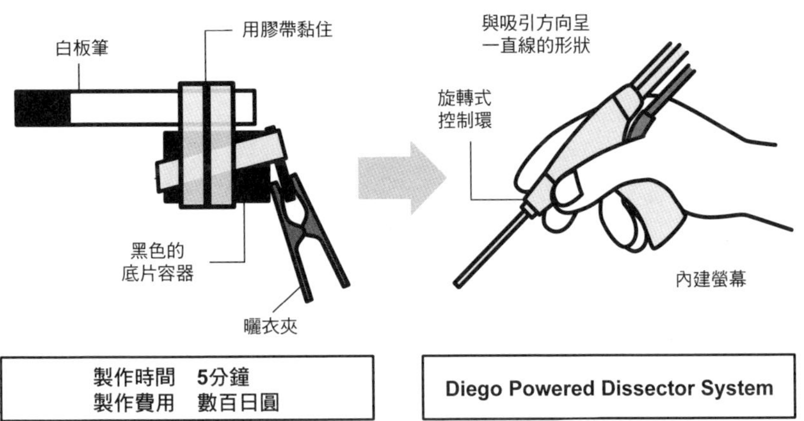

※作者參考《IDEA物語》作成

鐘後拿著上方左圖的原型產品回來，問外科醫生說：「你們想要的是這個嗎？」醫生們異口同聲地回答：「就是這個！」

最後左圖的初期原型變成右圖的電子手術刀「Diego system」，成了各大手術的必備工具。

此原型產品的製作時間約5分鐘，花費數百日圓。

但在產出點子的階段，這樣的成品就已經綽綽有餘了。

我們常會擔心：「不能在重要的客戶面前講出不像樣的點子。」

這種想法絕對是錯誤的。**「想到什麼就盡量跟客戶說」，才有辦法用嶄新的點子突破阻擋在眾多研發項目前方的高牆**。這時候原型產品能成為有力的武器，讓點子變得更親切，更具體呈現。

製作原型產品的方法在新產品、服務、宣傳等多領域都適用。

「這太不切實際了，我們公司才沒有能想出好點子的人才。」

真的是這樣嗎？

製作鼻腔手術工具的原型產品，不需要高深的技術，連幼稚園小朋友也會做，而且不用花大錢，任何人都有可能想出這個點子。

最大的問題是，多數企業都限制了員工的想像自由。

要如何解除限制呢？本書絕對能提供有力的線索。

正如Book10《知識創造企業》所述，在「知識社會」中，創造新知識的能力會影響企業的競爭力。

若想建立起具體的構造，幫助組織成員不斷交換內隱知識與外顯知識，使整個組織得到源源不絕的新點子，本書絕對能派上極大的用場。

POINT

創造出能釋放潛在能力的環境，靈感將會源源不絕地湧出。

《自造者時代：啟動人人製造的第三次工業革命》（天下文化）

——數位時代的製造模式也在改變！

克里斯・安德森

3D Robotics公司的執行長。前《Wired》雜誌主編，率先發表「長尾」、「免費增值」、「自造者運動」等數位時代的新觀點。2007年獲選為《時代》雜誌「全球最具影響力100位人士」之一。2012年成立開發無人機的新創公司3D Robotics。現居加州柏克萊。

1990年代後期，網際網路急速普及，愈來愈多同事辭去IBM的工作，自行創立軟體公司。只要有1台電腦就能製作軟體，還能透過網路銷往全世界，軟體公司的創業門檻大幅降低。

不過，有幾位跟我同時期進公司，負責製造業務的同事，都沒有自行創業。因為製造業的創業門檻太高，必須先有自己的工廠（＝龐大的資金）才行。

本書要傳達的重點是，現在就連製造業的門檻也已經大幅降低了。

書名「自造者」的意思是「人人都能成為生產者」。就像個人研發的軟體能獲得全球市場一樣，個人製造的物品同樣也能銷往全世界。此現象應歸功於3D列印等各種新技術。

很多人會先用文書軟體打字後，用印表機將文字印出。**3D列印**和**CAD軟體**的崛起，讓製造也成了如此簡單的一件事。

傳統列印的方法是先用文書軟體編寫文章後，用印表機裡的墨水將文章列印在紙上。3D列印則是先用CAD軟體製作3D設計圖後，將圖檔傳送至3D列印機，用樹脂等材料層層堆疊，印製出立體物品。有了CAD軟體跟3D列印機，就能隨心所欲地製造出各種造型品。

目前便宜的家用3D列印機只要約2萬日圓。

只要把3D設計圖交給能一次生產數十、數萬件造型品的公司，就能像透過網路下訂大量文字印刷訂單一樣，輕鬆生產出大量高品質造型品。

直到不久前，成立製造工廠仍需花費龐大的費用，但現在只要有個人電腦和CAD軟體就能生產製造，大幅降低整體生產成本。

3D列印不適用於「規模經濟」

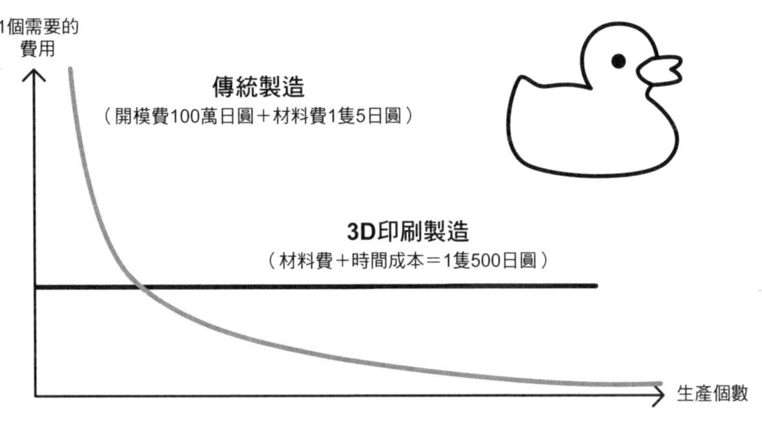

※作者參考《自造者時代》作成

重點是能隨心所欲地設計造型。若用金屬粉列印，還能做出金屬製品。

通用電氣在新一代Airbus的噴射發動機上，安裝了用3D列印製作的燃料噴嘴。順利實現一體成形，將焊接次數縮減至5分之1，並提高5倍的耐久度。

不過，3D列印並無法完全取代現行的所有製造業。3D列印不適用以量制價的**「規模經濟」**。

以漂浮在泡澡水上的黃色小鴨為例。

採用傳統製造方式時，需要先製作小鴨的模型。這個「模型」就像鯛魚燒模一樣，把麵糊倒入鯛魚燒模後，能做出無數個形狀相同的鯛魚燒。同樣道理，把黃色樹脂倒入小鴨模後，就能做出無數隻一模一樣的黃色小鴨。

但模型的製作費用意外地昂貴。

假設開模費是100萬日圓，樹脂費是1隻5日圓，那麼製作1隻小鴨的費用就是100萬＋5日圓。但若做了1百萬隻小鴨，總額是6百萬日圓，平均1隻小鴨才6日圓。也就是說，做愈多成本愈低。

不過，做好的模型無法修改，只能複製出一模一樣的小鴨。

反觀3D列印，雖然不需要開模，但每做1隻小鴨都需要支出材料費跟時間成本。假設做1隻的費用是5百日圓，做1百萬隻依然是5百日圓。不同於開模製作的地方是，3D列印能調整每隻小鴨的細節部位。

就像這樣，在大量生產的情況下，傳統製造方式的成本壓倒性地低。缺點是只能依照最初的模型製作，無法調整細節及增加複雜度。

雖然用3D列印製作單隻小鴨的成本較高，但就算想讓每隻小鴨都擁有不同的表情、把羽毛修改得更精緻，甚至是放棄小鴨改做「熊本熊」，成本也完全不會改變。

3D列印能在生產少量精緻產品時發揮優勢。

找出結合豐富智慧的製造方式

然而，光憑如此，還無法完整展現出自造者時代的真正價值。

在軟體的世界裡，Linux成了連微軟和ＩＢＭ都採用的基礎軟體。Linux是一套開放原始碼的「開源軟體」，是匯聚全球各地工程師的聰明才智開發而成。

在自造者革命中，這種思維也能應用在硬體的世界中。

３Ｄ設計圖是一種數位情報，數位情報能與大眾共享，任何人都能自由複製或更改。開源軟體也是如此。就像Linux公開軟體原始碼一樣，自造者時代的設計圖也是完全公開的。

人人可見的設計圖，能在短時間內收集多數人的智慧。

傳統製造業將設計情報視為「最高機密」，大家都申請專利，保護技術不外流。

但自造者時代則不然。集合多數人的智慧，能在短時間內順利研發出新產品。

有家靠開源硬體研發汽車的初創公司，在參加美國國防高等研究計劃署舉辦的新一代戰車設計比賽時，只花了數週收集設計圖，就在3個半月後獲得優勝。若他們像傳統公司一樣只靠內部研發，恐怕很難有這等速度。

但在這同時，應該也有很多人擔心仿冒品的問題。安德森介紹了由他擔任執行長的3D Robotics公司開發及販售無人機的經驗。

安德森在網路上公開無人機的設計圖後，網路上開始出現便宜、高品質、附中文說明書的中國製仿冒品。

但他認為「被模仿是成功的証明」，因此沒採取任何動作。

不久後，有名自稱「寫模仿品中文說明書」的年輕人找上他，希望他「把中文說明加進官方說明書裡」。不僅如此，這名年輕人還幫他解決本體未解決的問題，為他的無人機計劃做出極大的貢獻。

安德森針對此事談道：

「光是開源，我們就得到了免費的研究開發機能。」

他同意他人模仿，共享知識，幫助製造技術更加進化。

解決製造煩惱的「群眾集資」

過去製造者總會煩惱「資金該怎麼來」、「做好後是否賣得掉」。能同時解決這兩個煩惱的方法，就是**群眾集資**。「想要此商品的人請資助〇〇元，累積到目標金額就會開始製作」等，用這類標語募集顧客。此方法不僅能提前籌到資金，還能確保「會掏錢買」的顧客。這也是在少量生產的自造者時代才有辦法實現的集資模式。

Nike在製作類似手錶版iPod nano的電子護腕時，也採用了群眾集資的方式。只不過Nike的目的並非集資，而是市場調查。

安德森擅長將世間新動向統整成概念，賦予其適當的稱呼。「免費增值」和「長尾」都是他創造出來的新詞。

製造界正在急速變化。不僅是個人，在大企業也掀起波瀾。

若想掌握未來製造界的方向，本書絕對具有參考價值。

POINT

數位化製造能生產少量精緻的產品，還能共享知識。

第4章

「行銷」

事實上，行銷的定義因人而異，沒有絕對的正解。

本章將行銷的範圍稍微縮小。

行銷工具的組合稱為「行銷組合」，行銷組合包括產品（Product）、促銷（Promotion）、價格（Price）、地點（Place），也稱為4P。

除了4P以外，本章還會介紹品牌策略。

（4P當中的「產品」請參考第3章）

《品牌優勢策略》

——思考「想呈現的品牌樣貌」並落實

（暫譯）*Building Strong Brands*（Free Press）

大衛・艾克

加州大學柏克萊分校哈斯商學院名譽教授（行銷策略論）。先知品牌策略公司的副董事長。品牌識別理論之父。對行銷科學的發展有傑出的貢獻，被授予「保羅・康弗斯（Paul D. Converse）」獎，亦因對行銷策略的貢獻，被授予「維傑・馬哈揚（Vijay Mahajan）」獎。

愛車男性一看到黑、白、藍色相間的BMW標誌，就會忍不住想乘坐。喜歡愛馬仕的女性一看到其橘色標誌，就會不自覺心神蕩漾。強大的品牌極具信任感，能夠吸引顧客，不降價照樣有人買單。標誌只是品牌的一小部分，品牌背後其實非常深奧。世界級品牌策略巨擘艾克，透過本書教我們制定強力品牌策略的方法。

艾克將品牌擁有的隱性價值稱為**「品牌資產價值」**（**Brand Equity**）。品牌跟人力、設備、資金同樣都屬於企業資產。

想制定強大的品牌資產價值，必須考慮**品牌識別**（**Brand Identity**）。品牌識別是「想呈現的品牌樣貌」。另一方面，**品牌形象**（**Brand Image**）則是「品牌在他人眼中的樣貌」。

用人來比喻會更容易理解。以漫畫作品《小拳王》為例，主角矢吹丈一開始是個天天打架的不良少年。這是他當時的「品牌形象」。

淪落到打零工維生的前拳擊手丹下段平跟丈交手後，被他強勁的拳擊力道震懾，對他說：「我會把你訓練成世界第一的拳擊手。」這是段平和丈想要的「品牌識別」。

品牌識別取決於該品牌的目標。

為了實現強大的品牌識別，必須從以下4個角度切入。

角度1　「產品」的品牌

飲用名為「可樂」的咖啡色液體止渴、從美味的香草冰淇淋中感受到名為「哈根達斯」的品牌。顧客能透過產品實際感受到品牌。產品是品牌識別的重要一環，但若只有產品，沒兩下子就會遭到對手複製。品牌不光只有產品。

角度2 「組織」的品牌

護膚品牌「THE BODY SHOP」的創辦人的哲學是「不單純賣化妝品，還要讓世間富裕無虞，因此絕對不剝削」。他堅持使用天然原料，不做動物實驗，員工們也徹底理解創辦人的哲學。顧客購買商品，等於為這個世界盡一份心力。這樣的組織和價值觀，建立起強大的品牌識別。

角度3 「個體」的品牌

全世界最多人刺在身上的品牌標誌是哈雷機車的標誌。雖然日本製機車的性能更優秀，但對哈雷的死忠粉絲來說，哈雷這個牌子的重要性遠勝於機車本體。哈雷是自由的象徵，代表美國本身，具體展現出男子氣概。人容易把強大的品牌視為「自己最重要的人」，這種現象也稱為**品牌個性**（**Brand Personality**）。

角度4 「象徵」的品牌

任何能表現品牌的東西，都能成為象徵。可樂的「紅色」、麥當勞的吉祥物小丑「麥當勞叔叔」、Apple的創辦人史蒂芬・賈伯斯，這些品牌象徵都向世人發送強大的品牌力量。

不過，**若想建立強大的品牌，光憑這些還遠遠不夠**。為了讓顧客對品牌產生信任感，放心掏錢購買，必須明確且具體地展現出「顧客的利益」。

①功能的利益

此利益基於前面提到的「產品的品牌」，但功能容易遭到模仿，難以凸顯差別。多數企業的「顧客利益」都只停留在這個階段。

②情緒的利益

購買或使用後會覺得心情變好的品牌，就有此利益。就像Ｂｏｏｋ46《誰說人是理性的！》介紹的例子，當人蒙眼喝可口可樂和百事可樂時，腦部活動沒有差別，但在得知品牌後，喝可口可樂時腦部會特別活躍，因為「正在喝可口可樂」的情緒會對腦部造成影響，就像「乘坐ＢＭＷ覺得特別舒服」一樣。

③自我表現的利益

滿臉驕傲地自認「在咖啡廳用MacBook的自己超酷」，這樣的行為稱為「炫Mac」。此利益除了能帶來好心情以外，還能讓人覺得「擁有這個東西，自己就能成為這樣的人」。

「想把Apple定位成高級品牌！」

		品牌形象 「品牌目前在他人眼中的樣子」	品牌識別 「想呈現的品牌樣貌」
產品		電子機器	電子機器
使用者		電腦迷	高所得者
個性		時尚洗鍊	時尚洗鍊
利益	機能	好用	好用
	情緒	（無）	奢侈品
	自我表現	（無）	「正在使用的自己很酷」

※作者參考《品牌優勢策略》作成

只要理解品牌的構造，就能明白打造強力品牌的方法。

Apple的售價如此昂貴，是因為賈伯斯「把自家商品定位成高級品」。Apple原本的品牌形象是「提供洗鍊商品給電腦迷的公司」，因此奢侈品也成了Apple的參考對象。奢侈品鎖定「高所得者」，只在直營店販售，能提供給持有者喜悅及自我表現利益。於是，Apple打破當時的傳統，在直營店販售消費者導向的電子機器，並推出「Apple＝潮流」的廣告。

Apple像這樣以品牌識別為目標，抓準目標與當下品牌形象間的差異，打造出強大的品牌。

長時間維持初衷，能構築出品牌

必須長時間推出維持初衷的廣告，才能建立起品牌識別。最重要的是**累積效果**。若頻繁變更品牌識別，過去累積的成果都將化為泡影，顧客也會陷入混亂，質疑「這個牌子到底想怎樣」。

萬寶路從1950年代起就持續使用「萬寶路人」廣告，建立起包含牛仔、強烈自尊心、樸素、男子氣概的品牌形象。

只要廣告貫徹始終，就能建立起讓競爭對手望塵莫及的強大品牌，無人能模仿。

顧客嫌膩只是廣告深植人心的副作用而已，並非完全負面，多虧了抱怨這類廣告「看得很膩」的顧客，萬寶路才有了今日強大的品牌。

不過，時代隨時都在急速變化，若一成不變，馬上就會遭到淘汰。因此，必須在維持品牌識別的同時，順應時代做出改變。

GE公司在19世紀末的宣傳標語是「用電氣提供舒適的生活」，故將公司命名為「General Electric」，但這個與電氣有關的名字在現代已經過時了，因此現在都用「GE」稱呼。

我們在創造商品時，往往只著重於功能面，但功能並非顧客挑選商品的唯一考量。品牌決定商品的價值，也是顧客選擇商品的一大重點。想深入瞭解品牌的人，一定不能錯過這本書。

POINT

你想呈現怎樣的品牌呢？
你的品牌有哪些功能、情緒和自我表現的利益呢？

28

《精準訂價：在商戰中跳脫競爭的獲利策略》（天下雜誌）

——價格策略是獲利的關鍵

赫曼・西蒙

提供策略、行銷、顧問服務的西蒙顧和管理顧問公司的老闆。是德國美因茨大學、比勒費爾德大學的經營管理及市場行銷教授，也是哈佛大學、史丹佛大學、倫敦大學、INSEAD、慶應義塾大學、麻省理工學院的客座教授。於波恩大學和科隆大學學習經濟學及經營學，並於波恩大學取得博士學位。

從以下算式能明顯看出，獲利的多寡取決於價格。

利益＝販售量乘以價格減去成本

雖然這世上有許多「銷售專家」和「壓低成本專家」，但「價格專家」卻是少之又少。

本書作者西蒙有「訂價大師」之稱，是全球訂價策略的權威，也是全球最大價格顧問公司的執行長。他在書中大方分享價格策略的精髓。

本書開頭就介紹了西蒙諮詢稅金顧問的經驗。

「我遇到有點棘手的稅金問題，可以給我建議嗎？」

「你只要〇〇〇就好了。」

顧問在30分鐘內就給了他建議，事後他收到1500美元的帳單。

（太貴了吧，難道是搞錯了嗎？）西蒙問對方：「以30分鐘的工作時間來說，這樣不會貴了點嗎？」結果對方回他：

「你如果去找其他人，可能花3天都無法解決問題，而我只花了15分鐘就理解問題，只花了15分鐘找到最佳解決辦法。」這番話讓西蒙心服口服。

價格即價值。顧客認為「有這個價值」的價格就是正確的價格。重點是必須自己決定價格，而非任憑顧客漫天喊價。

行為經濟學有助於制定價格策略，因為訂價時還需要考慮到人的心理活動。傳統經濟學的觀點是「人絕對會按照理性行動」，但理性是有限度的。

行為經濟學能解釋人類不合理的行動。以下介紹幾個例子。

①展望理論

「做生意時一定要站在心理學的角度思考。」常把這句話掛在嘴邊的7&I控股公司前執行長鈴木敏文，在消費稅漲到5%時，舉辦了「消費稅5%回饋特賣」。當時多數人都反對他的想法，認為「就算打8折也賣不掉」，結果此活動大獲成功。

此活動應用了行為經濟學中的「展望理論」，也就是**「損失的痛苦比獲得所帶來的喜悅更敏感」**。回饋特賣能消除增稅的損失感，因此讓消費者有了反應。

②安慰劑效應

我常常在家喝咖啡。某天我跟妻子說：「喝了咖啡後我整個人神清氣爽！」結果她回我：「這星期我都幫你泡無咖啡因的咖啡耶。」

這就是所謂的「安慰劑（偽藥）效應」。安慰劑效應也會出現在價格上。

第一次到高級餐廳品嚐美食時，你是否會從負擔得起的價格中選擇最貴的料理呢？

人總會把價格跟品質聯想在一起。無法判斷品質時，價格就成了判斷品質的標準。此時採用低價競爭很容易失敗。

③錨定效應

「錨」指的是船錨，也就是「基準點」。**人在得知某個數字後，會以該數字為判斷基準**。

1930年代，有客人到一對兄弟經營的服飾店詢問價錢。

「哈利，這件襯衫多少錢啊？」哥哥席德問道。

弟弟哈利大聲回他：「你說那件高級襯衫嗎？42美元。」「什麼？你說多少錢？」席德表現出一副搞不清楚狀況的樣子。

「42美元啦！」哈利又喊了一次。結果席德轉過頭跟客人說：「22美元。」

這時候客人心裡已經有了「襯衫＝42美元」的錨，讓他做出「22美元＝便宜」的判斷，於是他立刻掏錢購買。當人無法準確判斷價格時，往往會依賴「錨」來做判斷。

在Book46《誰說人是理性的！》會詳細介紹錨定效應。

決定要採取「低價策略」還是「高價策略」是非常重要的判斷，顧客將獲得

價格策略的成功因素

低價策略	高價策略
• 從一開始就決定低價策略，專心大量販賣	• 必須提供高價值
• 徹底追求效率	• 設定符合高價值的價格
• 維持一致的穩定品質	• 維持一致的高品質
• 不做任何顧客不需要的服務	• 盡力改良商品與服務
• 目標是成為「採購達人」	• 追求高品牌形象
• 避免降價，隨時落實EDLP（每日低價策略）	• 徹底迴避宣傳和降價

中途不可變更路線

※作者參考《精準訂價》作成

其中1個錨，而且途中無法隨意改變。

低價策略徹底追求效率。

宜得利家居自從創業以來，就秉持著「用便宜的傢俱讓日本更豐富」的精神，持續走在低價路線上。為了降低成本，他們建立SPA模式，從生產到販售都獨自進行，徹底省去一切浪費。

宜得利家居利用拓展店面、增加販賣量的方式，提高與採購業者議價的籌碼，用更便宜的價錢進行採購。此外，他們幾乎不舉行特賣活動，而是保證每日最低價格。

高價策略必須隨時用符合高品質的價格提供高價值，絕對不能輕易降價。

對透天厝住戶來說，白蟻是危險的敵人，重要的家會在不知不覺間遭到白蟻破壞。不光要驅逐害蟲，最好還要讓害蟲永遠不再靠近。本書介紹了美國某終身保固除蟲公司的例子。這家公司保證若害蟲再次出沒就退費，並負擔重新除蟲的費用及顧客的損失，但相對的，這家公司的除蟲費用是其他公司的10倍。

要選低價策略還是高價策略呢？

西蒙引用研究人員分析1966年到2010年間的2萬5千家美國企業後得到的結果，他表示：

「靠高價策略成功的企業比靠低價策略成功的企業來得多。無論在哪個市場，靠低價策略成功的企業都寥寥可數。」

至於降價方面，西蒙也分享了自己的經驗。

他對來整理庭院的園丁說：「你如果少算我3％，我馬上付全額給你。」園丁回他：

「我賺的錢是6％，您現在付錢給我，我手上的錢確實會增加，但若少收

3%，我必須多幹1份活才能補回來，恕我難以答應。」真是位聰明的園丁。

但現實生活中，能像這位園丁一樣冷靜思考的商務人士卻是少之又少。

我出席某個優秀業務表揚大會時，好奇跟獲獎業務打聽了一下，結果發現他們在推銷時，全都降到最低的6折。他們不是販售商品的價值，而是採取低價競爭。

然而，降價恐招致悲慘的狀況。日本政府在2009到2011年間，實施了節能家電積點制度，以促進節能家電的買氣。很多民眾確實趁這段期間採買了家電，但在制度結束後好幾年間，家電業界持續呈現嚴重的蕭條狀態。家電是數年才需添購一次的產品，這種大幅降價的制度，只是讓家電業者從未來顧客的手中預支業績而已。

反之，即使漲價的幅度極小，賺得的錢依然會翻倍成長。西蒙分析了各公司2015年的業績後，發現2%的漲幅讓SONY多獲益2.4倍、沃爾瑪多獲益41%、GM多獲益37%。

也有公司在獎勵不降價的業務員後，公司平均販售價格提升了2%。

大多數企業並沒有具體的價格策略。想探討價格策略的商務人士，請務必熟讀這本書。

POINT

價格策略等於經營策略。決定要高價還是低價，並且避免降價。

29

《免費！揭開零定價的獲利秘密》（天下文化）

——免費獲利的商業模式

克里斯・安德森

3D Robotics公司的執行長。前《Wired》雜誌主編，率先發表「長尾」、「免費增值」、「自造者運動」等數位時代的新觀點。2007年獲《時代》雜誌選為「全球最具影響力100位人士」之一。2012年成立開發無人機的新創公司3D Robotics。現居加州柏克萊。

其實我們身邊有很多免費的東西和服務。Google的搜尋引擎和G-mail都不收費，但都很方便，性能很也強。收音機、電視節目，還有最近常見的智慧型手機APP，也幾乎都能免費使用。本書揭開這類免費商業模式的「免費」本質。

免費商業模式的興起有3大原因。

①**花錢的痛點**→若是付費服務，使用者會斟酌「是否要花錢」，但若是免費服務，使用者就不會有痛點，能直接使用。「0元」其實隱藏著強烈的力量，能讓使用人數呈爆炸性成長。

免費的商業模式

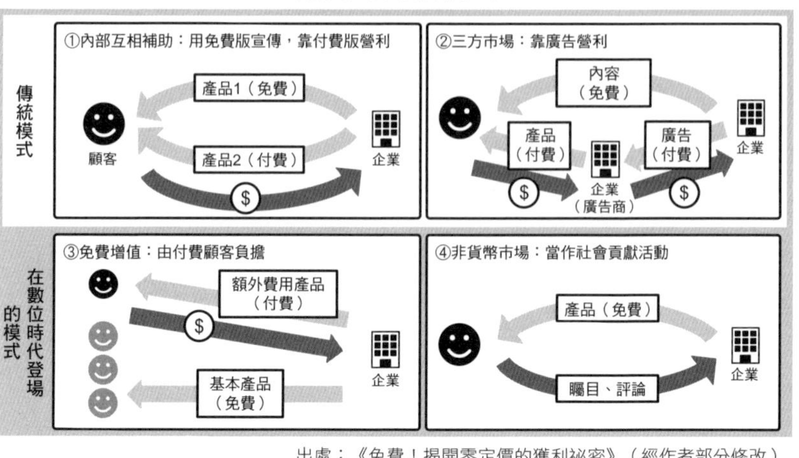

出處：《免費！揭開零定價的獲利祕密》（經作者部分修改）

②網路效果↓使用人數愈多，服務價值愈高的效果。獨自一人使用電子郵件或社群軟體，是一件毫無意義的行為，但若親朋好友全都參與其中，就能感受到其便利性。以免費服務吸引愈多使用者，能得到愈高的網路效果價值。

③邊際成本↓邊際成本是每增產1個產品需支付的必要費用。普通產品的邊際成本等於單個產品的製造及流通成本。即使是免費提供的產品，業者依然得花費成本。不過，在網路世界中，產品能無限複製，邊際成本近乎於零，即使免費發送大量產品，也幾乎不用花費額外的成本。

若能免費提供高品質服務，使用人數將急

速成長，服務的價值也會提升，而且在網路世界裡，成本幾乎不會增加。

但這樣要如何賺錢呢？

本書介紹了4種營利手段，前2種是傳統的營利模式，後2種是誕生於網路時代的營利模式。

①直接交叉補貼↓先利用免費版宣傳，再利用付費版營利的方法。之所以會有0元手機，就是因為手機本體的費用已經被轉移到月租費裡了。

②三方市場↓靠廣告營利的方法。多虧了廣告商品的業績，觀眾才能免費收看或收聽電視或廣播節目。我們之所以能免費使用Google的搜尋引擎，就是因為廣告商會付錢給Google。

③免費增值↓由部分付費顧客負擔的方法。Evernote和Dropbox都是免費軟體，若想擁有更多的容量就必須付費。網路世界的邊際成本近乎於零，只要有部分顧客付費就能免費提供服務。

④非金錢市場↓當成社會貢獻的方法。在網路世界發送情報幾乎完全免費，即使不是為了營利，也能在網路上提供各式各樣的情報。維基百科也是由志願者無償經營。

不要跟免費服務交戰

免費商業模式蘊藏著強大的破壞力，尤其是複製成本為零的數位產品，極有可能成為免費服務。對習慣付費商業模式的人來說，免費商業模式是個巨大的威脅。要如何與之抗衡呢？

我們可以參考音樂業界。現在透過Spotify等平台就能免費聽音樂，但知名音樂家依然能獲利，因為他們還有演唱會收入。

跟知名音樂家共處的時光，是難能可貴的經驗。在現代社會中，時間就是寶貴的資源。在無限複製免費數位音樂的同時，稀有物品和時間的價值反而節節升高。

2016年過世的音樂界巨星王子（Prince），曾於2007年在倫敦的280萬份報紙裡免費附贈要價19美元的CD。乍看之下他似乎相當慷慨，其實他早已設想周到。他隨後在倫敦舉辦21場演唱會，門票全數搶購一空，讓他賺進20多億日圓。因為人們認為現場聆聽王子唱歌，是一件極具價值的事情。

現在的免費商業模式也有可能讓人誤入歧途。人們逐漸察覺，在使用Facebook或Google等免費服務時，也付出了自身隱私等巨大的成本。

而且免費服務的範圍非常廣泛，不僅限於Facebook和Google。

不要跟免費商業模式交戰，而是要理解其優點，適時善加利用，想辦法以稀有性為武器，提供給顧客更巨大的價值，並從中獲利。

理解數位時代免費的本質和威力，將之應用在商業活動中。

30

《許可式行銷》

——不當「獵人」當「農夫」

（暫譯）*Permission marketing*（Simon&Schuster）

賽斯・高汀

當今最具影響力的商業書籍作家及部落客。Yahoo！前副總裁。Squidoo.com的創辦人。被譽為「美國首屈一指的資深行銷策略家」，2013年獲選進入「直效行銷名人堂」，也入選當代最有影響力的商業思想家「Thinkers50」。

「明天早上10點方便打給你嗎？」編輯傳來這樣的訊息。

隔天早上通完電話後，我突然想起，以前我們通話前從來不會事先告知，現在卻會先確認對方是否方便，我們變得不再干涉對方的時間。

這種變化在行銷領域中稱為**許可式行銷**。「許可（permission）」就是「同意」、「允許」的意思。在現代社會中，事先徵求顧客同意是一件非常重要的事情。

本書於1999年出版，當時Google才剛成立2年，Facebook在5年後才創立，但本書卻已經參透現代網路行銷的本質。

Amazon和Google皆採納本書的建議，日漸成長為龐大的企業。

探討現代行銷前，務必先理解本書內容。

作者高汀創辦Yoyodyne公司，開發許可式行銷的方法論供大企業使用。Yoyodyne被當時氣勢如虹的Yahoo!收購後，高汀也成了Yahoo!的副總裁。

在網站登場前，企業的行銷主軸是廣告。以往顧客能接觸的資訊量很少，只要廣告商品夠吸引人，自然會有人買單。

現在是資訊爆炸的時代，顧客的時間和興趣都變得極為零碎，即使拚命打廣告宣傳，顧客也不屑一顧。

打個比方，男人穿上最高級的襯衫和鞋子，到單身女性群聚的俱樂部找結婚對象。他突然跟最靠近他的女性求婚，遭拒絕後轉而向隔壁的女性求婚，等到被所有女性拒絕後，還不識相地以為「自己的敗筆是穿衣品味不佳」。

結果多數企業都不會嘲笑他，因為這就像企業單方面釋出大量的廣告和訊息後，商品乏人問津，而且企業還以為「問題出在廣告和訊息上」一樣。

許可式行銷講求**照順序來，逐步獲得顧客的信賴**。

許可的5個階段

※作者參考《許可式行銷》作成

以找結婚對象為例，這裡說的順序就是先確認彼此的簡介和意願，安排約會，在約會過程中逐漸熟悉對方，深入瞭解彼此。

得到潛在顧客（＝有機會交往的人）的同意後，持續交往一段時間，增加許可的強度。並非一味地擴大顧客人數，而是要跟每個人深入交往。畢竟想得到對方的信任，必須先付出一定的時間跟投資。重點並非確保了多少顧客，而是顧客能同意到多高的階段。

許可分為５個階段。

①全權委任↓醫生會書面徵求患者的同意，得到「不管打什麼點滴都ＯＫ」的許可。這種顧客全權委任的方式，是許可式行銷的最高境界。貼近日常生活的例子包括定

期訂購雜誌、電費、瓦斯費、水費、電話費，換成現代一點的說法就是「定期購入」。代購和Amazon的推薦書也都是屬於這個階段，消費者能省下時間和金錢，也能免去挑選的麻煩。能用持續率算出許可等級。

②**點數**↓消費者使用集點卡和飛行常客計畫購買產品能得到點數，開始集點後會產生想累積的欲望，容易愈買愈多。掌握消費者使用了多少點數，就能算出許可等級。

③**私人關係**↓跟消費者建立起私人關係，屬於第3低的等級。高汀重視「數字測量」，但私人間的人際關係無法用數字衡量。日本企業常說「業務必須推銷自己」，因此大多停留在這個階段。

④**品牌信用**↓高汀毫不留情地表示：「大家都太高估品牌了。建立品牌需要花費大量的時間和金錢，但品牌既無法測量，也不能控制。」雖然這跟Book27《品牌優勢策略》的作者——品牌策略權威艾克的觀點背道而馳。

⑤**現場**↓雖然銷售員跟消費者會在店裡近距離接觸，但接觸時間相當短暫，是一種不迅速對應就會消失的關係，屬於最初階的許可等級。麥當勞為了提高待客品質，會要求員工徹底遵守待客指南。

除了以上5個階段以外，還有等級最低的「濫發訊息」，也就是所謂的「垃圾訊息」。高汀直言：「多數市場行銷都用了濫發訊息。未經顧客許可播放的電視廣告，以及陌生人投入信箱的傳單，都佔用了顧客的時間。」

許可也有必須遵守的規矩。

首先是**許可不能通用**。「我不能去約會了，妳跟我朋友去吧。」當你說出這句話時，你跟女朋友就已經沒戲唱了。同樣道理，許可是專屬於獲得許可的企業，並不適用其他企業，不能把顧客資料洩漏給其他企業。

再來是**許可並非瞬間，而是過程的積累**。宣傳和廣告都必須在第一時間決勝負，因此需要有強大的衝擊力。許可是對話的累積，需要經過播種、澆水、施肥的階段，耐心等待其成長。

最後是**顧客隨時都能收回許可**。企業絕對不能忘了自己正在佔用顧客寶貴的時間。企業雖然擁有廣告的主導權，但許可的主導權在顧客手上。企業應尊重顧客的意願，顧客隨時都能收回許可。

任何人都能在不登入會員的情況下進入Amazon搜尋商品，等到初次購物時，才需要填寫信箱、地址和姓名，但這些都只是最初步的資料而已。

之後Amazon會記錄使用者每次的行動，透過購入商品跟候補商品掌握每位使用者的喜好，創造出舒適的購物環境。維持這種模式20年後，Amazon成長為巨大的企業。

許可式行銷最忌諱「馬上得到結果」的壓力。

傳統的廣告行銷就像能立刻得到結果的「狩獵」，許可式行銷比較接近「農耕」，需要花上一段時間，天天細心照料，不能揠苗助長，但**只要好好培育，就會有巨大的收穫。先忍耐才有成功**。

Book11《顧客忠誠度效力》提到的顧客忠誠度，也重視顧客許可。重點是要加強與顧客間的牽絆，透過數值掌握，採取適當對策，帶動業績成長。反觀多數日本企業，雖然有透過精神論探討與顧客間的關係，卻未將之化為數值，直至今日仍尚未落實這本已經出版20年的書籍所傳達的內容。講難聽點，日本企業落後了整整20年。

另一方面，我個人認為許可式行銷並非萬能。

此觀點適用於清楚明白自己想做的事情時，但現實生活中有太多曖昧不清的狀況，這時候艾克提倡的品牌策略就能派上用場了。每種狀況適合的方法都不同，必須徹底理解每種方法的本質，將之應用在商業活動中。

將「牽絆」數值化，投入時間和心力強化顧客對自己的信賴。

31 《策略販售》

——企業營業要思考策略！

（暫譯）*Strategic Selling*（William Morrow & Co.）

R・B・米勒

畢業於史丹佛大學。1974年創立Robert・B・Miller公司，開發出「策略販售程序」。之後成為活躍的企業教育及銷售顧問，與史蒂芬・海曼共同將Miller Heiman公司培育成全球首屈一指的顧問公司。曾以美國海軍砲擊軍官的身分參與韓戰。

一般人印象中的推銷員通常是在店裡賣商品給消費者的人，但其實在我們看不到的地方，也有很多企業推銷員正在販售自家產品給其他公司。

在推銷員的工作現場，經理常會訓斥推銷員：

「你必須親自接觸顧客，把產品推銷出去！待在辦公室只是在浪費時間而已。」

跟顧客對話固然重要，但貿然行事的成功率其實非常低。

本書傳授企業銷售的實踐策略。儘管本書早在1985年就出版，卻網羅了現代企業銷售的基本原則。

舉例來說，當我還在IBM任職時，「銷售漏斗」的觀點就已經是全球分公司通用的案件管理手法之一。雖然本書的日文版已經絕版，但英文版在2007年還有出新版，所以接下來我也會提及英文新版的內容。

我家的電視非常老舊。有次我偶然在家電行看到便宜的50吋電視，店員也熱情推銷，於是我用手機拍照傳給妻子，詢問她的意見，結果她馬上回我：

「不會太大嗎？房間會變窄喔。」最後我決定放棄購買50吋電視。

就像這樣，需要2人以上點頭才能決定購買時，銷售難度會瞬間增加。而企業銷售得面對更多複雜的人，難以順利賣出。這時候就需要運用策略了。

策略銷售要先掌握必要關係者，徹底思考該如何取得主導權，以提高成功銷售的機率。為此，應思考以下6個要素。

要素1 掌握4種購買者

「那家公司的部長是我的前輩，他是個重情重義的人，一定會同意這個案件！」

絕對不能掉以輕心。靠人情成交的案件確實不在少數，但公司會有人事調動，而且公司一定會衡量案件的合理性。不能用「人物」而是要用「權限」來看待顧客。

有採購權限的人稱為購買者（買家）。購買者有4種類型。

①經濟型購買者

會考量價格是否符合價值，才決定是否購買。判斷標準為划算性。此類型購買者常見於組織高層，每筆交易的負責人都不同，小額由主管階級決定，大規模投資由老闆階級決定。

②使用型購買者

會實際使用商品，想瞭解商品對工作的影響。例如：想把自動化機器人賣給工廠時，廠長會心想「買了能提升生產性」、「但作業員得花一段時間才能熟悉新的工作內容」。

③技術型購買者

會確認商品是否真的沒問題。賣機器人給工廠時，工廠自行找專家確認「機器人是否真的能在工廠裡運作」。

④教練型購買者

熟悉顧客企業，成為賣家的同伴，為賣家介紹其他購買者，並提供必要的資訊。這類購買者有可能在顧客企業內，也有可能在第三者組織或自家公司內。

首先要掌握這4種購買者分別是哪些人，徵得全員同意。

要素2 察覺危險信號，將危機化為轉機

當商品無法順利賣出時，一定會出現以下的危險信號，千萬不能錯過，務必提早採取對策。

①缺乏情報↓不曉得購買者是誰、尚未摸清購買者的想法就急著推銷，很容易失敗。

②情報不確實↓無法判斷情報的內容，以及擅自斷定「對方會買」，都是相當危險的行為。得到不確實的情報時，一定要先仔細確認。

③無法接觸購買者↓一定要好好接觸這4種購買者，偷懶就做不了生意。就算

「購買者是難見到面的大老闆」，也要找機會安排他跟自家老闆見個面。

④更換購買者→跟前任購買者的約定恐遭到廢除。此時必須立刻接觸新購買者。

⑤組織變更→組織變更後，顧客的職務分配也會出現變化，原先的約定很有可能會大洗牌。

危險信號也有可能成為轉機。原本不願意跟自己見面的鈴木專務被換成新的佐藤專務後，可以請對我們公司有好感的山田廠長幫忙牽線，跟佐藤專務見上一面。這就是把「③無法接觸購買者」跟「④更換購買者」當成機會的例子。

要素3 掌握顧客的反應

生意能否談成，取決於顧客的反應。顧客通常會有4種反應，我們必須懂得區分。

生意能否談成，取決於顧客的反應

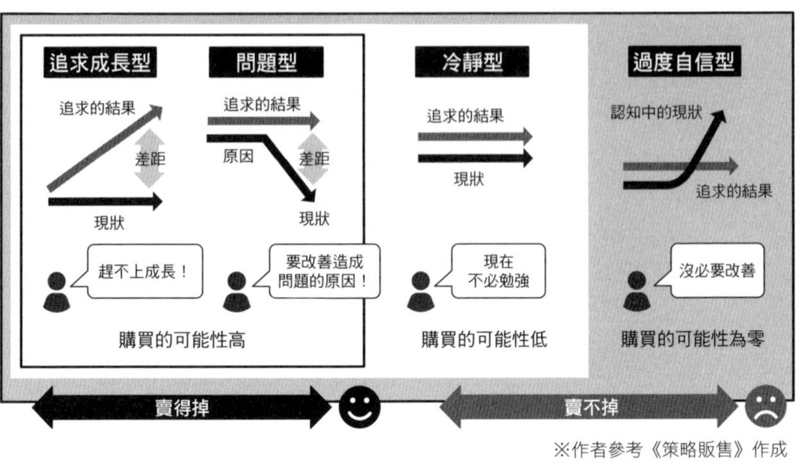

※作者參考《策略販售》作成

①追求成長型

現狀趕不上遠大目標。例如：業績急速成長，但產量追不上，顧客正感到困擾。這時候只要提出增強設備等現狀改善提案，就很有機會交易成功。

②問題型

想解決問題後導回正軌。顧客的想法是「只要能幫助我們回歸正軌，就一定會買」。

③冷靜型

顧客認為「目前沒有問題」，對多數提案都採取否定態度。當顧客感受到前面的「成長」或「問題」時，想法有可能會動搖。

④過度自信型

認為「現在十分完美」的自滿狀態。無論提出任何案件，成功交易的可能性都是零。這時候別死纏爛打，跟對方說「有需要再來找我」就好了。

要素4 瞭解滿足和結果

應隨時留意顧客是否滿足。

若專攻顧客的弱點，只顧著**自我滿足**，將無法維持長久的合作關係。

反之，有些業務認為「從一開始就大幅降價才能維持良好的合作關係」，用這種只有顧客獲利的方式讓**對方滿足**。然而，若顧客將此視為理所當然，日後恢復原價時，顧客會覺得「遭到背叛」，同樣無法維持長久的合作關係。從長遠的眼光看來，這兩種狀態都屬於**互相不滿足**。

我們必須努力追求顧客和自己都能感到滿足的**互相滿足（雙贏）**。

還有一個要考慮的重點是「結果」。「改善業務內容，減少加班時數」就是結果。結果能化為數值，影響到多數人，因此必須創造出好的結果。

不過，結果並不等於滿足。有些人覺得加班時間減少後，「跟家人相處的時間增加」很滿足，但也有些人會因為「加班費變少了」而感到不滿。滿足與否是個人的主觀想法。別只顧著追求結果，還必須思考人們是否滿足。

要素5 決定理想的顧客模樣

有些顧客是**「不能交易的顧客」**。米勒提到，有3成的顧客只會消耗成本，產生不了利益，屬於「不能交易的顧客」。應明確決定出**「理想的顧客模樣」**。回顧過去的案例，將理想顧客一一列出，寫出其特性，並找出不良顧客與其特性。比較兩者，決定「理想的顧客模樣」。

有公司得到的結果是「從一開始就別跟不在乎我們的品質，一再要求降價的顧客交易」，而該公司的成交率也升到5成以上。

要素6 用「銷售漏斗」管理案件

「武田，案件的狀況如何？」

「我正在盡全力攻下A公司。我覺得成交機率應該超過5成。」

這是常見於銷售現場的案件管理實態，但卻是大錯特錯，不僅對其他案件置之不理，「成交機率5成」也只是個人主觀想法。

「銷售漏斗」是能一次掌握所有案件狀況的管理方法。從漏斗上方投入案件，過濾到最下層後就能獲得理想的訂單。

用「銷售漏斗」管理案件

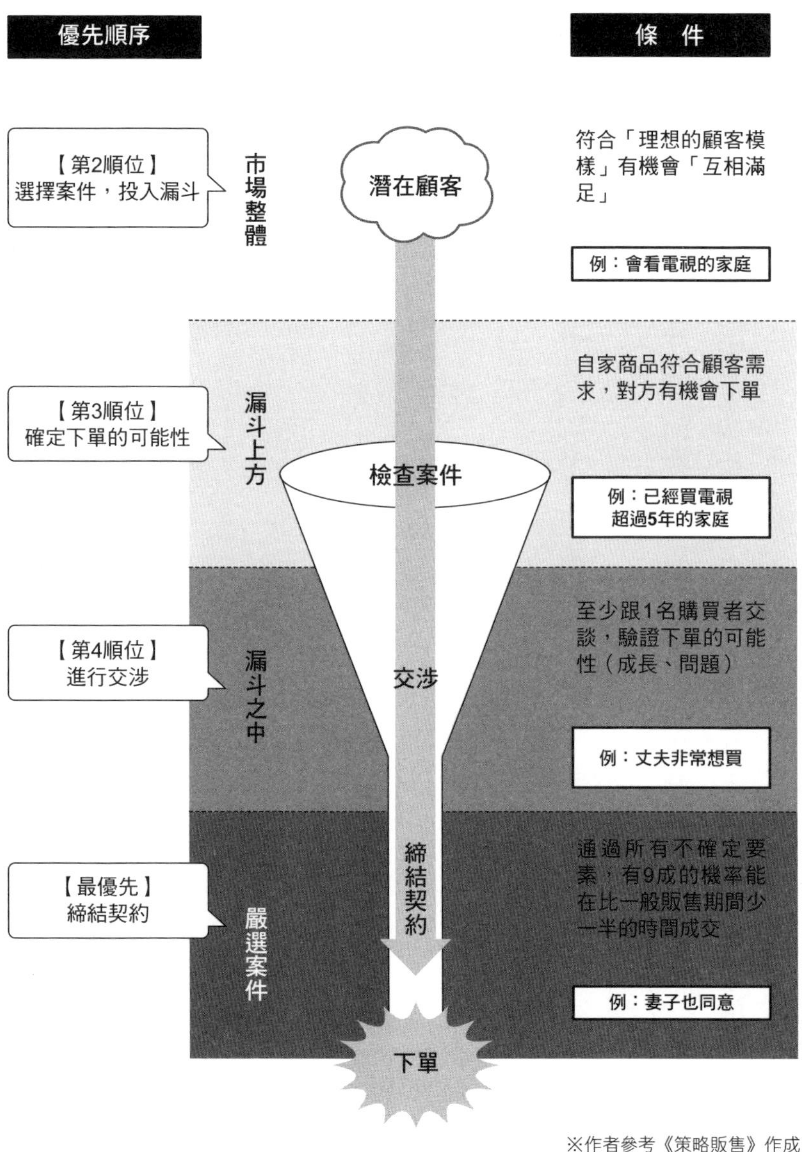

※作者參考《策略販售》作成

先列出手上所有案件，刪除不符合「理想顧客模樣」的顧客案件，依照圖上的案件條件，將案件分成「4個階段」，使所有案件一目瞭然。此圖以前面提到的購買家用電視的顧客為例。雖然不是企業顧客，但是個簡單好懂的例子。

接著再依照優先順序處理案件。

【最優先】立刻跟符合販售目標的嚴選案件締結契約。因為競爭對手也在虎視眈眈。難得丈夫和妻子都有購買電視的意願，若置之不理，他們可能會改買其他電視。

【第2順位】從潛在客戶的案件中，選出放入漏斗的案件。

【第3順位】確定漏斗上方案件成交的可能性。

【第4順位】跟漏斗內的案件交涉。

重點是必須讓漏斗隨時都處於填滿的狀態。某位業務員曾說過：「不管再怎麼忙，我每週一定會開發1個新案件，填滿我的漏斗。現在我處於拒絕新工作的狀態。」

現在海外企業將銷售漏斗從潛在顧客往上擴張，完成「行銷漏斗（Marketing Funnel）」的概念，將之視為能應用於企業交易的策略。

反觀日本企業，到現在還在重視「氣勢和毅力」、「義理和人情」，落後了整整20年。

有參與企業銷售的人，最好先瞭解何謂「策略銷售」。

POINT

掌握4種購買者的反應，用銷售漏斗管理案件。

第5章

「領導」

本章主要介紹在現代依然有廣大讀者群的
探討領導能力及組織論的名著。
中間會穿插幾本新書，
後半段也會介紹由經營者親自撰寫、
能從中學習領導能力的名著。
在這個瞬息萬變的時代，
更希望大家能看清楚哪些事物永恆不變，
哪些事物會隨著時代改變。

《追求卓越：探索成功企業的特質》（天下文化）

——企業的最佳型態是什麼？

畢德士、華特曼

畢德士是美國的經營顧問。畢業於康乃爾大學，在史丹佛大學攻讀MBA及取得博士學位。善用豐富知識及商業現場情報準確找出問題，提供解決方法。其先見性與獨創性皆深受好評。華特曼在史丹佛大學取得MBA學位後，任職於麥肯錫公司。除了撰寫經營相關的文章外，還擔任史丹佛大學商學院等的客座講師。

1982年，美國企業遭到優秀日本企業連番追擊，陷入一片愁雲慘霧，苦於眼前慘況，但其中仍出現不少卓越企業。本書解說這些卓越企業的思想與行動，大幅翻轉了美國企業的經營模式。假設這是一份高爾夫球好手的研究報告，就像明白了好手們的想法及行動模式後，球技自然會進步一樣。

本書的兩位作者都是麥肯錫的顧問，他們選出75家美國卓越企業，親自會面調查，發現卓越企業能幫助平凡的人們發揮出非凡的力量。

儘管出版年代已久，本書至今依然坐擁廣大讀者群，因為本書描繪出了現代企業也適用的「最佳型態（理想型）」。例如：書中提到的**「先做、再修改、然後再做」**，在現代依然重要。

傳統的美國企業認為，只要採取合理的人員管理規制，就能提高生產性，因此一路走來都按照腓德烈・泰勒提出的「科學管理原理」進行經營管理。

但人不一定百分之百合理。有項名為**「霍桑研究」**的實驗。實驗者為了調查作業環境會對工人的生產效率造成哪些影響，試著調整了照明、休息時間和室內溫度等條件。

結果發現生產效率明顯改善，而且回歸初始狀況後，生產效率竟持續攀升。因為工人們意識到「經營者有在關心自己的作業狀況」，所以才持續維持高生產效率。當人能從工作中感受到價值時，生產性會隨之上升。就像Ｂｏｏｋ43《動機與行動》介紹的內在動機。

反之，一味採取合理的管理手段，終將面臨極限。徹底強化管理，不允許員工自由發揮的過度合理主義，會讓人極度畏懼失敗，不敢做任何實驗。

但在現實生活中，很多新事物都是來自無數次的失敗。卓越企業會關心員工，使員工自主加強生產效率。還會重視員工的熱情，獎勵勇於挑戰及激發內部競爭的員工，並且徹底實施顧客導向。作者將這些卓越企業的文化歸類成**8個特質**。

特質1 行動導向。「先做、再修改、然後再做」（Do it, fix it, try it）

成功的重要條件是迅速展開行動及反覆進行實驗。

某大銀行在開發新服務時，花了1年半的時間製作大量的市場調查資料。在服務正式上線前，作者問負責人是否有做市場測試，他表示有問過兩名友人。作者驚訝地問：「才問了兩個人？」對方竟回：「因為我不想被競爭對手知道太多秘密。」這種無可救藥的企業，完全不懂透過實驗學習的重要性。

反觀P&G，從推出新商品的數年前開始，就徹底實施市場測試。他們認為，從市場學習到的成果，遠勝於被對手看穿底細的缺點。

Amoco石油之所以能擁有全美國最多的油田，是因為他們的試掘井數量遠勝於其他石油公司。

卓越企業都懂得落實「先做、再修改、然後再做」的精神。有趣的是，這跟SUNTORY的「放手去做」精神有異曲同工之妙。

特質2 接近顧客。向顧客學習

卓越企業不會只在乎眼前的利益，而是會徹底實施顧客導向。

過去IBM的主力產品是大型電腦，儘管電腦規格非業界頂尖，依然靠周到的顧客服務打出一片天。每當顧客遇到問題時，員工們都會想盡辦法迅速解決。員工認為「自己是受雇於顧客的立場」。順帶一提，就像Book39《誰說大象不會跳舞？》提到的，當IBM忽視此立場時，曾淪落到破產的命運，直到找回此立場後，才東山再起。

有份研究調查了科學機器製造商的商品靈感來源，發現其推出的11款「前所未見的新商品」，全是源自顧客的靈感。

現在「重視顧客」已經成了理所當然，但本書出版之際，美國尚無此風氣。還記得當時我到美國出差時，店員仍將顧客視為麻煩的存在，態度草率敷衍。卓越企業認為「利益是顧客導向的結果」，會仔細聆聽顧客的心聲。

特質3 自治和企業家精神。在組織裡培育大量的領導者

某位領導者對部下說：「這是我想出的完美策略，就交給你實行了。」看似天衣無縫的策略，實行起來卻大小問題不斷，最後以失敗告終。領導者主張：「策略沒有問題，問題出在實行方法。」這種認知絕對是錯誤的。

帶領策略通往成功的關鍵並非靈感，而是實行。Ｂｏｏｋ５《好策略・壞策略》的作者魯梅特也提出同樣的看法。

卓越企業會尊重員工的自主性，由員工自行決定「要做什麼」和「要怎麼做」。

為此，必須徹底增加挑戰次數。即使是成功率只有10%的難題，挑戰10次後成功率也會升到65%。卓越企業「將失敗視為能力之一」，獎勵勇於挑戰的員工。畏懼失敗就無法創新。此外，卓越企業也會重視員工間的溝通，消除組織內部的隔閡，創造出能輕鬆交談的工作環境。像這樣培養員工的自治能力跟企業家

精神，從組織裡培養出大量的領導者。

特質4　靠人提高生產力。人是孕育出靈感的最大資產

能促使人行動的唯一秘訣就是信任。認可員工是個獨當一面的大人，員工必定會回應這份期待。每家卓越企業都懂得「尊重個人」，將員工視為重要的資產。

但這些企業並非百分之百溫柔，也有嚴厲的一面。他們會重視員工的評價和實績，對員工的成果進行表揚，而且獎勵方法不僅是獎金。

特質5　親自實踐、價值導向

卓越企業必定有核心信念，故能落實前後一致的行動。

特質6　堅守本業。不踏入不懂的領域

卓越企業不會踏入自己不懂的領域。這不代表他們不挑戰創新，他們會限制多角化的程度，慢慢適應新環境，同時堅守自己的本業。

差勁的企業每個領域都想沾一點邊。這種毫無原則的多角化往往會招致失敗。

特質7　組織單純，人事精簡

公司規模愈大愈複雜，總公司巨大化會導致管理作業增加，而這正是錯誤的開端。卓越企業一直都盡力將組織單純化。

組織成員有共同的價值觀，即使採用流動管理，員工們依然懂得如何行動。

特質8　寬嚴並濟

落實以上所有特質，進行嚴格管理，同時維持能讓員工發揮自治性和企業家精神的環境。

本書介紹的卓越企業，有很多在日後走下坡，使本書蒙受不少批判。但大家別忘了，本書是「高爾夫球好手的研究報告」。就像好手會遇到低潮期一樣，卓越企業也難免會陷入低迷。掌握基本動作的好手能擺脫低潮期，具備紮實基本觀念和行動方針的卓越企業同樣能從低迷中復甦。

光是讓世人明白何謂卓越企業的最佳型態，本書就已經功不可沒。此外，本書也幫助日後的諸多經營理論發展，還孕育出像Book36《重塑組織》一樣，運用最新科技創造出的新時代組織。希望大家在閱讀本書時，能思考該如何將書中介紹的8個特質應用在現代。

POINT

必須琢磨出不會隨著時代改變的企業基本型態。

33

《基業長青》（遠流）

——基本理念務必貫徹始終

詹姆・柯林斯

曾任教美國史丹佛大學企管研究所，現於科羅拉多州的博德成立自己的企管研究室。也是一名管理顧問，為企業及非營利組織的領導者提供意見。透過長達10年的企業調查，建立各種新概念，著作《基業長青》系列連番獲得百萬銷量。是繼已逝的杜拉克後，全世界最具影響力的商業思想家。

在我們的印象中，海外跨國企業魅力非凡的領導者總能想出完美的策略，發揮強大的領袖風範率領企業。但讀了本書就會明白，跨時代的一流企業其實不需要魅力四射的領導者，策略也都是在跌跌撞撞中摸索出來的。

作者柯林斯將穩坐業界龍頭數十載、有未來願景（visionary）的卓越企業稱為**「高瞻遠矚公司」**（visionary companies）。

他調查700家美國公司的執行長後，選出18家高瞻遠矚公司，花了6年的時間研究這些公司創業至今的歷史，將每家公司的基本原則及共通模式統整於本

12個遭推翻的迷思

眾人深信不疑的迷思	調查後的真相是……
❶ 必須有偉大的構想，才能開創偉大公司	很多公司還沒有構想就先成立了
❷ 高瞻遠矚公司必定有深具魅力和遠見的偉大領導人	根本不需要
❸ 成功的公司都以追求最大利潤為首要目的	利潤只不過是眾多目標之一
❹ 高瞻遠矚的公司都擁有「正確」的基本價值觀	基本價值觀沒有正解
❺ 唯一不變的就是變動	基本理念不會被流行動搖
❻ 不輕易冒險	不畏懼挑戰「賭上公司命運的大膽目標」
❼ 是人人夢寐以求的工作環境	只對基本理念相同及符合高度要求的人來說是完美職場
❽ 成功的公司都有縝密的複雜策略	大多是從錯誤中得到的結果
❾ 應從外界網羅執行長來推動根本變革	從外界網羅執行長是其實是例外
❿ 成功的公司都專注於打敗競爭對手	要集中精神戰勝自己
⓫ 魚與熊掌不可兼得	拒絕2擇1，同時追求矛盾的目標
⓬ 經營者會講出有先見的宣言	成長跟經營者的先見發言無關

出處：《基業長青》（經作者部分修改）

書。本書於1994年出版，在世界各地都是長銷書籍。以下是書中介紹的18家公司：

3M、美國運通、波音、花旗銀行、福特、GE、惠普、IBM、嬌生、萬豪酒店、默克集團、摩托羅拉、諾斯通、P&G、飛利浦莫理斯、Sony、沃爾瑪、華特迪士尼（介紹對象只有1950年以前成立的企業，故無Google、微軟、Apple等IT企業）。

調查後發現，人們既有的「常識」其實錯誤百出。接著來看具體內容。

不要報時，而是要造鐘

一般人容易以為「成功的公司靠的是創辦人的構想」，但其實多數高瞻遠矚公司在成立初期都沒有偉大的構想。

惠普公司是惠利特和普克德在自家車庫創立的公司。「總之先付電費吧！」他們一開始也只是走一步算一步。

Sony剛成立時，井深大會跟7名員工一起討論產品內容，製作在布上縫電線的發熱坐墊等，想辦法賺點小錢。

高瞻遠矚公司在創業初期就推出熱銷產品獲得成功的比例，其實比一般公司還低。

比起打造優秀產品和制定策略，高瞻遠矚公司會花更多時間建立優秀的組織。

惠普的創辦人為了創造出能讓員工發揮創造力的環境，絞盡腦汁思考組織構造。

他們在雜誌訪問中也談到，**「我們最棒的作品不是示波器也不是計算機，而是惠普公司和『惠普之道』的經營哲學」**。

Sony創辦人井深大在商品製造遇到瓶頸、資金調度陷入困難時，製作了Sony的「設立宗旨書」。開頭就寫著**「建設自由自在又愉快的理想工廠，讓認真的技**

術者能發揮出最大的能力」。

高瞻遠矚公司的成因並非優秀的產品，也不需要魅力四射的領導者創造出具備高產品力的商品。

創辦者必須打造出卓越的組織，給予員工活力，激發其創造性，才有辦法催生出優秀的商品，躍升高瞻遠矚公司。

即使魅力四射的領導者做出了優秀的商品，商品總有一天也會遭到淘汰。不要親自報時，而是要**「打造出能報時的鐘」**（＝打造出組織）。

貫徹基本理念

「打造出能報時的鐘」的關鍵是「基本理念」。基本理念包括「社會貢獻」、「誠信」、「尊重員工」、「顧客服務」、「卓越的創造力」、「對區域的社會責任」等。

高瞻遠矚公司會將此基本理念視為組織的基礎，具體展現出**「我們是什麼人，是為了什麼而存在，正在做甚麼事情」**，不只重視表面的利益。至於其他公司，不是沒有基本理念，就是根本沒人意識到。

柯林斯調查18家公司後，發現每家公司的基本理念都不同，並無共通的「正確」基本理念。

這些公司的共通點是**「貫徹理念」**。將貫徹始終的基本理念反映在公司的目標和政策上，使基本理念滲透到員工的想法及行動中。

挑戰賭上公司命運的大膽目標

除了基本理念以外，還必須要有能促使其進化的計畫。在這18家公司中，有14家公司勇於挑戰**賭上公司命運的大膽目標**，作為推動公司進化的強力計畫。

專門製造轟炸機的波音公司賭上公司命運研發出707，開拓了噴氣民航客機的時代。接著又大膽設定727、747等目標，大獲成功，站穩業界頂尖的地位。

GE執行長傑克・威爾許制定的方針是**「在所有參與的市場都必須是冠軍或亞軍，使GE成為速度與靈敏性都宛如小公司的企業」**。

賭上公司命運的大膽目標，能激發出每位員工的動力，內容具體，振奮人心，重點明確，清楚好懂。

意外的是，在外界眼中看似不自量力的魯莽目標，對內部員工來說，幾乎都不是「無法辦到」的目標。

這就像攀岩一樣。旁觀者認為不靠繩索輔助攀爬高壁過於危險，但攀岩者本人會挑選符合自身能力的岩壁，並且確信「只要站穩腳步，集中精神，一步一步往上爬，就絕對不可能失敗」。

賭上公司命運的大膽目標，必須是能強化基本理念的目標。波音公司挑戰的目標，也是基於「成為航空技術界的先鋒」這個基本理念。

邪教般的文化

迪士尼樂園對外否認「米奇布偶裡面有人」。

迪士尼樂園的使命是為全世界的孩子們帶來夢想，當然不能承認米奇布偶裡有人存在。就算外界認為「這樣太誇張」，迪士尼員工也將此視為理所當然。迪士尼會挑選能認同此想法的人，進一步教育他們。

就像這樣，高瞻遠矚公司有著類似邪教的性質。共通點包括**①對理念的狂熱②對教化的努力③追求同質性④菁英主義**。

但高瞻遠矚公司畢竟不是邪教，邪教信徒崇拜的是某位至高無上的領導者，高瞻遠矚公司並無個人信仰，員工堅信的是基本理念。雖然有點矛盾，但與邪教相似的同質性能幫助高瞻遠矚公司孕育出多樣性。只要相信基本理念，就不會有人在乎膚色、身體特徵、性別等差異。

大量嘗試後，留下成功的結果

某天，嬌生公司接到某位醫生的投訴，對方表示「用了嬌生的ＯＫ繃後皮膚發炎了」，於是嬌生便將爽身粉放進小罐子裡寄給對方。這個小罐子日後成了嬌生的熱銷商品「嬰兒爽身粉」。

此外，有名員工的妻子經常被菜刀割傷手指，他在外用膠布上貼一層紗布給妻子使用，這個膠布後來也成了嬌生最熱銷的商品「BAND-AID」。

高瞻遠矚公司大獲成功的商品，大多沒有經過縝密的策略計畫，而是在偶然間誕生。**新想法並非來自策略計畫，而是要經過不斷嘗試**。

這完全符合達爾文的進化論「發生變異，遭到自然淘汰後，物種隨之進化」。跟Book21《迎變世代》的論點相同。

若想在進化中追求進步，就必須迅速多方嘗試，承認「錯誤是必然」，踏出小小的步伐，給員工自由發揮的空間，實施表揚制度，或為部門領導者制定新商品業績目標等，在公司內部建立起適當的體制。

絕對不能控制員工或過度限制。阻止員工在錯誤中成長，等於扼殺了進化的可能性。

土生土長的管理陣容

高瞻遠矚公司的管理陣容幾乎都是土生土長的公司員工，從外部招聘執行長是非常罕見的特例。高瞻遠矚公司擁有培養卓越經營者的能力，能持續守住優秀的管理陣容。

Ｂｏｏｋ39《誰說大象不會跳舞？》介紹了長期萎靡不振的ＩＢＭ從外部招聘的執行長葛斯納的故事。葛斯納就任後，本書恰好出版。

柯林斯在書中提到：「葛斯納若想成功，就必須在遵守ＩＢＭ基本理念的同時做出巨大的改變。」隨後，葛斯納迅速解決問題，改變企業文化，欽點在ＩＢＭ土生土長的帕米薩諾接任執行長。完全符合柯林斯的建議。

凡夫俗子也能建立高瞻遠矚公司

柯林斯提到，**「建立高瞻遠矚公司的人，都是生意手段單純的普通人」**。只不過，單純不等於隨便，保持一致性依然重要。

此外，本書介紹的基本原則和成功模式，在現代也完全適用。柯林斯在2011年出版的《十倍勝，絕不單靠運氣》中，將微軟、英特爾等在混亂時代中殺出血路的公司稱為「10Ｘ（10倍勝）公司」。他用同樣的方法進行分析後，得到的結論是「高瞻遠矚公司的概念，也適用於10倍勝公司」。

從全球觀點來看，日本有許多長壽企業。根據帝國數據銀行調查的結果，創業超過百年的日本企業高達2萬6千家。這些企業肯定都守著基本理念，而且基本理念還會隨著時代進化。舉例來說，近江商人的恪守的經商理念是「三方皆好（賣家好、買家好、世間好）」，而高島屋、伊藤忠、TOYOTA、東麗、華歌爾等公司都繼承了這個理念。

讀完本書，能重新發現傳統企業的優點。若想思考企業今後該如何改變，又必須如何改變，本書絕對能給予極大的提示。

POINT

徹底堅守前後一致的基本理念，能發展出偉大的企業。

34 《從A到A+》（遠流）

——「第五級領導」能建立偉大的企業

詹姆・柯林斯

曾任教美國史丹佛大學企管研究所，現於科羅拉多州的博德成立自己的企管研究室。也是一名管理顧問，為企業及非營利組織的領導者提供意見。透過長達10年的企業調查，建立各種新概念，著作《基業長青》系列作品連番獲得百萬銷量。是繼已逝的杜拉克後，全世界最具影響力的商業思想家。

有人在晚宴上對Book33《基業長青》的作者柯林斯說：

「你那本書很棒，但完全派不上用場，我們公司一點也不卓越。我該怎麼做才好？」

為了回答這個問題，柯林斯將耗時5年的研究成果統整成這本書。

他選出11家原本長期表現平平，某天突飛猛進後，長年維持高業績的公司。

這些美國企業15年來的股份運用成績皆未達平均值，從某天開始業績突然起飛，

第5級領導的層次

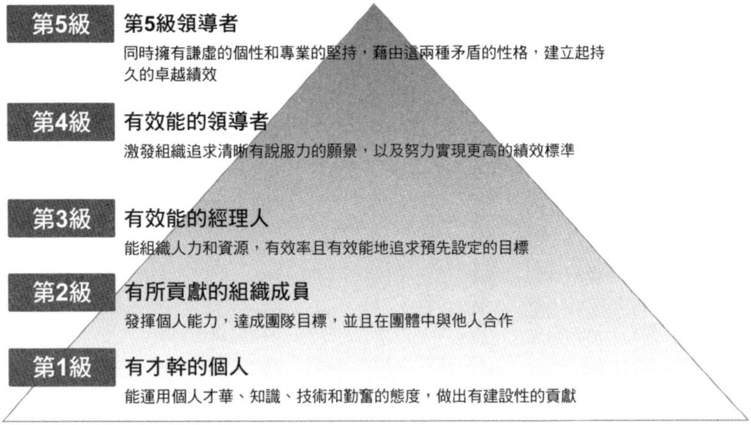

第5級 **第5級領導者**
同時擁有謙虛的個性和專業的堅持，藉由這兩種矛盾的性格，建立起持久的卓越績效

第4級 **有效能的領導者**
激發組織追求清晰有說服力的願景，以及努力實現更高的績效標準

第3級 **有效能的經理人**
能組織人力和資源，有效率且有效能地追求預先設定的目標

第2級 **有所貢獻的組織成員**
發揮個人能力，達成團隊目標，並且在團體中與他人合作

第1級 **有才幹的個人**
能運用個人才華、知識、技術和勤奮的態度，做出有建設性的貢獻

出處：《從A到A+》

升到15年間市場平均值的3倍以上。他還選出同業界的對手企業當作比較對象。

柯林斯找出這11家公司的共同點，以及與比較對象的不同之處，整理出從好企業進化成卓越企業的方法。他說：**「只要努力持之以恆，絕大多數的企業都能成為卓越企業。」**

第5級領導者

大家常認為「公司突飛猛進的契機是具領袖風範的領導人上任」，其實並非如此，很多帶領公司突飛猛進的領導人剛上任時，甚至還讓多數人擔心「他真的沒問題嗎？」。

柯林斯將這些人稱為**「第5級領導者」**。**這些人表面上謙恭有禮，不愛出風頭，但內心**

有強烈的堅持，能做出大膽的判斷。

製造及販售舒潔等日用品品牌的金百利克拉克原本是一家業績低迷的紙業公司，內部律師達爾文・史密斯就任執行長時，外部董事直截了當地對他說：「你欠缺領導者的資質。」但史密斯上任後，推動改革20年，帶領金百利克拉克成為全球最強大的消費者導向紙製品公司。

史密斯外表靦腆，喜歡跟第一線員工聊天，總是帶著土裡土氣的黑框眼鏡，穿著在超市買的便宜襯衫，吞吞吐吐地說話。

然而，在他當上執行長後，他認定「若繼續製造傳統核心業務的銅版紙，注定無法成為卓越企業」，於是他大膽決定賣掉製紙工廠。

書中介紹的11家公司，全都有像史密斯這樣的第5級領導者。

他們外表看似謙虛、內斂、樸素，其實內心相當狂熱，有強烈的慾望，在得到傑出成果前不輕易滿足，還會孜孜不倦地辛勤工作。他們並非只會無私奉獻，就像史密斯大膽決定賣掉製紙工廠一樣，為了帶領公司成為卓越企業，他們會無所不用其極。

他們認為「成功來自偶然和幸運」、「失敗是自己的責任」，成功時會尋找外界因素，找不到就歸功於「幸運」；失敗時會「自責」，尋找改善點。這跟Book45《給予》介紹的「給予者」的行為模式相同。

那些舉世聞名的顯赫經營者，其實幾乎都是第4級領導者。

先選擇人才，決定目標

先決定工作內容，再採用必要的人才，這是標準的美式做事方法，但這11家公司卻反其道而行。

打個比方，他們會先選出符合自家方針的合適人才，讓合適的人搭上巴士，請不合適的人下車後，才決定巴士的目的地。

按照「工作內容」聘雇人才時，若途中突然改變目的地，可能會有人因此辭職。

反之，若先決定「想要的人才」，則能得到更多的益處。當全車乘客互有好感時，很容易變更目的地。即使換個環境，他們也能迅速對應。

這11家公司都會嚴格挑選員工，給予勤奮工作的員工更舒適的職場環境，將懶惰的員工趕下車。在這11家公司當中，就有家銀行在併購其他銀行時，認為「遭到特權階級侵蝕的幹部不符合本公司質樸剛健的企業文化」，因此大刀闊斧解僱了大多數的幹部。

人們常說「人才是寶物」，正確來說應該是「合適的人才是寶物」才對。企業必須制定嚴格的人才挑選基準。

直視嚴峻現實，相信必能取勝

我有一位熟人是業界知名經營者的下屬，他每次跟經營者報告工作現場的問題後，經營者都會罵他：「我不想聽這些，等你把問題解決好再來報告。」從此以後，他不再回報問題。「本來想說為了公司好，結果卻被罵個臭頭。」具領袖魅力的領導者若不刻意留意，就難以掌握實際狀況。

這11家公司的風氣都是會直視現實，樂於傾聽，採取對策。

或許有人會說：

「為了掌握實際狀況，我會跟下屬說『發生任何事情都要跟我回報』。」

但這是很不負責任的行為。即便給下屬發表意見的機會，下屬通常也不會主動回報。

必須製造傾聽第一線員工心聲的機會。這11家公司都會刻意製造員工和管理階層的溝通機會，尋找最理想的解決方法。

員工和管理階層展開熱烈討論，即使遇到失敗，也會共同找出「問題所在」，不把問題歸咎到任何一個人身上，畢竟抓戰犯是毫無意義的行為。

不僅如此，即使面臨嚴峻的現實，大家也會堅信「必定能取勝」。

金百利克拉克與大廠P&G正面對決時，執行長史密斯認為「這是挑戰優秀企業的好機會」，便跟員工們說：「P&G很了不起，強力壓制了所有對手，唯獨某家公司例外，就是我們公司。」史密斯像這樣不斷鼓勵員工，激發他們的士氣。

簡單明瞭的策略

刺蝟的腿很短，行動也很遲緩，狐狸很聰明，動作相當敏捷，但刺蝟經常能贏過狐狸。

實現「刺蝟原則」的3個圓

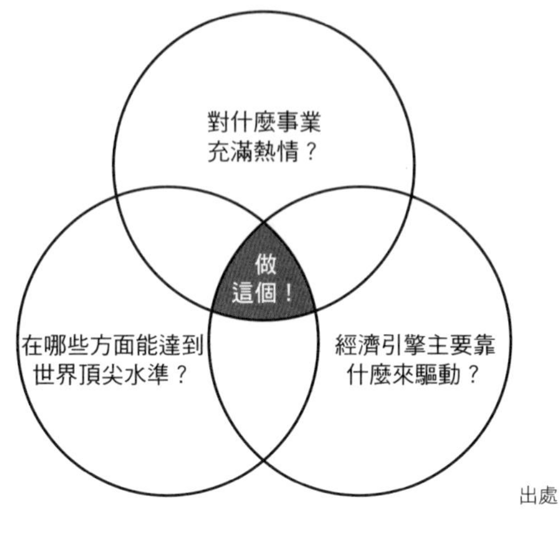

出處：《從A到A+》

狐狸會用盡各種詭計攻擊刺蝟，刺蝟會把身體縮成一團，露出尖銳的刺，狐狸找不到破綻只得罷休，回頭思考新的作戰計畫。狐狸既聰明又敏捷，卻經常輸給只有單一防禦策略的刺蝟。

在商業領域也是如此。這11家公司都只施行簡單明瞭的「**刺蝟原則**」，不做其他多餘的事情。為此，必須先找出圖中3個圓重疊的部分。

首先，找出「**能達到世界頂尖水準**」的事業，接著找出「**充滿熱情的事業**」，這麼做就不用呼籲員工「對工作投注熱情」，也不需要刻意點燃熱情，如此一來，就能「**驅動經濟引擎**」。

採用刺蝟原則後，企業將不再迷惘，更容

易判斷要做和不做的事情。反之，若固執追求有機會成長的事業，則會長期陷入低迷困境。

這11家公司平均都花了4年的時間才找出刺蝟原則，他們會徹底進行內部討論，找出全員都能接受的最佳策略。

不是管理人員，而是管理系統

具領袖魅力的領導者為了實行自己的策略，通常會制訂各項規矩，對員工下達細節指示，進行全面管理。不過，領導者總有一天會卸下重責，當領導者退任後，底下人員若沒有判斷能力，公司很容易陷入低迷。

這11家公司的第5級領導者都創造出了長久的紀律文化，決定行動框架，使員工抱持著達成目標的責任感，讓員工能在框架內自由發揮。

這種方法類似飛行員。飛行員必須遵守飛行守則，但為了達成「將乘客平安送往目的地」的目標，飛行員能在規定的範圍內自由行動。

要如何讓巨大笨重的飛輪高速旋轉？

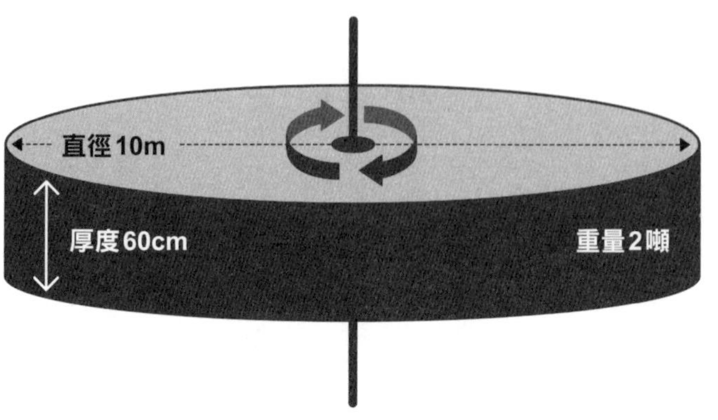

※作者參考《從A到A+》作成

緩緩地大幅轉型

小時候，祖父每次見到我都會說：「你又長大了。」小孩子沒有成長的自覺，但看在偶爾才見一面的祖父眼中，其實有相當劇烈的變化。

企業也是如此。柯林斯用飛輪來形容。飛輪一開始動也不動，得費很大的勁才能稍微推動，好不容易才能轉1圈。不斷推動飛輪，旋轉速度會增快，持續累積動能，繼續推動飛輪，速度會愈來愈快，等突破某個階段後，飛輪的重量反而會成為助力，使其如飛行般迅速奔馳，快到無人能及。

「是誰在何時把飛輪轉這麼快的？」這個

問題毫無意義。

並沒有明確的決定性瞬間，**這是所有動能累積起來的成果。只要朝著同個方向持續推動，飛輪總有一天會有所突破**。朝著同樣方向持續改善，這件事本身就極具價值。

柯林斯說：「這本書是《基業長青》的前傳。」先照本書介紹的方法成為卓越企業後，再照Ｂｏｏｋ33《基業長青》介紹的方法進化成永續經營的卓越企業。

本書和Ｂｏｏｋ35《日本的優秀企業研究》都是站在客觀的角度分析優秀企業後，整理出結論。這兩本書的共通點非常多，重新比較後我也很訝異。優秀日本企業和海外企業的共通點其實意外地多，希望大家也能比較看看這兩本書。

POINT

長期採用謙虛低調的刺蝟原則，就能成為卓越企業。

35

《日本的優秀企業研究》

——日本企業真正的優點是什麼？

（日本經濟新聞社）

新原浩朗

經濟產業省的經濟產業政策局長。產業政策專家。1984年畢業於東京大學經濟系後，入職通商產業省，參與多項產業政策相關法案的製作。隨後赴美國密西根大學研究所攻讀經濟學博士課程。曾任經濟產業省情報經濟課長等職。專攻企業論、產業組織論。《日本的優秀企業研究》一書獲頒第4屆日經BP Biz Tech圖書獎。

我們在居酒屋聊天時，會聊到「日本企業的優點是〇〇〇吧？」等話題。但仔細想想，日本企業真正的優點到底是什麼呢？本書針對此問題進行研究。

作者在開頭就用一段話總結：

「別貿然擴大自己熟悉的事業，
踏實又認真地，用自己的頭腦仔細思考，
抱持著熱忱不斷努力。」

簡直就像「認真、踏實、孜孜不倦地熱衷於自己擅長的事情」的專業匠人。

本書舉出6個日本優秀企業的共通條件。以下逐一介紹。

條件1 跟不熟悉的領域劃清界線

不踏入不熟悉的領域。明白自己應專注在哪些事業，一旦偏離主軸，管理者就能佐證說明「這不在我們的工作範圍內」。

萬寶至馬達的全球市佔率達55％，經常性淨利潤率為20～30％，是一家極為優秀的公司。萬寶至的商品只有馬達，用業界專門用語來說，他們的馬達是「民生用、直流、有鐵心、附刷、200瓦以下的小型磁鐵馬達」。萬寶至潛心鑽研馬達，磨練出業界頂尖的競爭力，因此有辦法靠單一產品，以專賣店之姿打入全球市場。

全球首屈一指的刮鬍刀製造商百靈曾開出誘人條件，想請萬寶至「研發新馬達」，但萬寶至以非自家事業領域為由，果斷地拒絕，改用自家馬達研發出百靈需要的性能，並用10分之1的價格提供給百靈。如今，萬寶至已經成為百靈唯一的馬達供應商。就像這樣，**領導者徹底瞭解第一線的實際狀況後，就能鎖定具體**

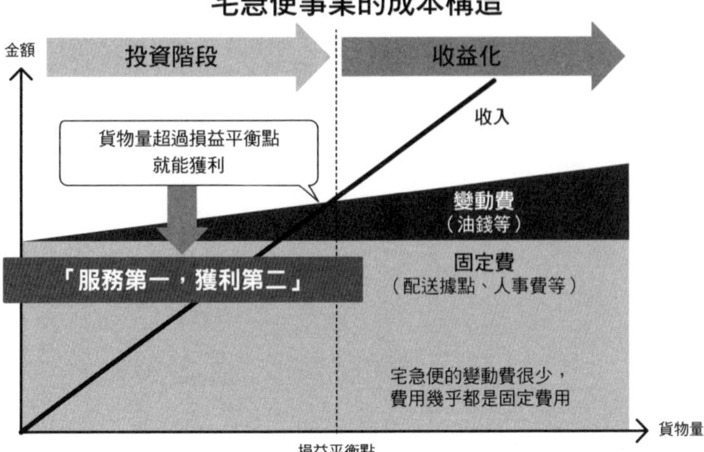

※作者參考《日本的優秀企業研究》作成

事業內容。

糟糕的企業領導者不熟悉自家公司的事業內容，只會丟給負責人處理，遇到重要局面需要做決定時，還會說「大家一起來討論」。雖然不會造成太大的失敗，但會導致公司經營每況愈下。

條件2 用自己的頭腦一遍又一遍地思考

持續型優秀企業的領導者都很有邏輯，無一例外，他們能把看似破天荒的決定說明得有條有理。

1976年，大和運輸的小倉昌男社長（當時）開始了宅急便服務。他打算跟郵局競爭，從零開始建立與郵局類似的運送管道。這完全是個顛覆常理的挑戰。

但小倉社長其實是在數度進行邏輯思考後，才建立起大和運輸的運送體制。

他想在47個都道府縣各設置1個轉運站，在每個轉運站下方配置20個營業所。趁晚間用貨車將貨物載送到各個轉運站，白天再將貨物從轉運站載送到營業所，這樣就能實現隔日送達，比郵局包裹的5天送達還要快。

但是這樣能獲利嗎？他算上到府收貨等的成本，但怎麼評估也找不出答案。他左思右想後驚覺**「只要站在整體的角度思考就好了」**。

宅急便事業的成本幾乎都是配送據點、配送員人事費等固定費用。

如右頁圖所示，「只要貨物量超過總費用就能獲利」。

也就是說，增加貨物量是收益化的關鍵。若能博得目標客群「家庭主婦」的歡心，貨物量就會增加。只要強化服務內容，就能收到更多的貨物。

於是，大和運輸打出了**「服務第一，獲利第二」**的標語，明確規定公司的優先順序。

顛覆常理的宅急便，也是領導者親自想了一遍又一遍才得到的成果。

條件3　站在客觀的角度，找出不合理之處

過去大家常認為「被調到子公司，等於遭到貶職」。但實際上，成功改革的企業的領導者，通常都是在子公司吃過苦的分流體系員工。

舉例來說，大和運輸的小倉社長進公司數個月後就患了結核病，休養了4年半，回公司1年後，公司經營狀況不佳，他被調到運輸公司，親眼見到真實的工作現場。

KANON的御手洗富士夫接任社長前，幾乎沒有在總公司待過，長期都在海外子公司磨練。前任社長驟逝後，他坐上社長寶座，對KANON進行改革，之後還擔任經團連會長。

離開主流體系，才能站在更客觀的角度為公司著想。

能冷靜面對公司赤裸裸的真相，看出需要改革的不合理之處。

本書提倡**別讓儲備幹部只有在總公司主流部門工作的經驗，應趁他們30多歲時，刻意讓他們承擔無罪過責任，把他們調到嚴格的子公司，讓他們體驗嚴酷的環境**。此舉也等於是在培育經營人才。

條件4 將危機轉化成公司的機會

陷入水深火熱之際，正是找出新方向、構築新型商業模式的好機會。大和運輸在戰後沒有趕在第一時間進入長途輸送市場，因此才想出了宅急便輸送模式。

萬寶至原本只製作玩具用馬達，但1957年被爆出日本製金屬玩具塗料含鉛後，日本玩具無法銷往美國，萬寶至受到嚴重的衝擊。公司深思後得到的結論是「問題不是我們只專心做馬達，而是只把馬達用在玩具上」，應該要拓展馬達的用途，找出其他業界的需求，這樣不管玩具業界再怎麼蕭條，萬寶至也不會受到影響。

於是，萬寶至開始尋找更多元的馬達用途，為了強化馬達的功能，他們追求輕量化、靜音化、低消費電力化、長壽化及低成本化，鎖定5～6種產品，制定標準規格。

萬寶至增強馬達的競爭力，將馬達推往比日本市場更廣大的全球市場。

糟糕的企業在遇到危機時，容易陷入恐慌，否定長期累積的成果，開始模仿其他成功的企業。也容易在生死交關之際，樂觀地想著「我們絕對不會倒下」，毫無危機意識。**最重要的是磨練出準確的危機感**。

條件5 追求能力可及的成長，直視事業風險

日本優秀企業會在自己創造的資金（現金流量）範圍內，進行符合自身能力的研究開發及長期投資。

用公司能力範圍內的資金投資，就不會受限於股東、銀行等外部因素，能夠毫不猶豫地長期投資。持續耐心投資，正是成功的關鍵，能建立起歷久不衰的優秀企業。

花王的熱銷化粧品「SOFINA」，從開始研究到轉虧為盈，歷經了整整20年。「ECONA健康食用油」的研發時間也長達15年。這些商品帶來了太多虧損，究竟要喊停還是繼續研發，在公司內部也是議論紛紛。它們之所以得以續存，正是因為花王用能力可及的經費支撐研發投資。

條件6 建立起為社會及人類貢獻的自主性企業文化

「為社會貢獻」是管理企業的理念，能帶領企業長期發展。

也許會被人酸說：「別說這種漂亮話，企業就是為了賺錢。」

利潤的確很重要，利潤之於企業，就如同空氣和水之於人類，沒有利潤公司

就無法存活。不過，人類並非為了獲得空氣和水而生，同樣地，利潤也只不過是維持企業生命的手段而已，金錢並無法成為企業的理念。

成為長期續存的優秀企業的關鍵是，經營者和員工都必須擁有使命感、倫理觀等金錢以外的紀律。有使命感的人類不會墮落。

最近企業負面新聞頻傳，就是因為把追求利益這個「手段」錯當成「目的」。一旦遭到野心勃勃的領導者掌權，該企業必定會墮落。

優秀人才無法完全發揮能力

本書指出的問題，日本人都能感同身受。

現代日本企業遇到的問題是，泡沫經濟後，許多日本企業迷失了原點。此問題的關鍵是在公司裡工作的「人」。在業績不振的大企業裡，有許多遭到埋沒的優秀人才。這些人沒有任何過錯，**只是因為公司沒有給他們值得做到廢寢忘食的工作**，所以他們才無法發揮能力。

企業必須建立起能督促員工自動自發的規章，支援有自主性的員工。

此外，員工不應該用「我們部門」或「本公司」等組織當主詞，而是要用「我」當主詞，對自己負責，主動展開行動。

就如同Book32《追求卓越》所述，美國的卓越企業是由一群平凡的人催生出非凡的力量。此外，本書有很多內容跟Book34《從A到A+》介紹的「第5級領導者」、「刺蝟原則」、「直視現實和抱持著必勝的信念」、「飛輪」等有重疊。

即使身處不同的國家，依然有許多共通的成功要素。

本書作者新原浩朗是產業政策專家，現為經濟產業省的經濟產業政策局長。本書傳達了他的願望，「希望日本企業能更朝氣蓬勃地持續發展」。

商業人士若想在世界上找到立足之地，本書絕對能派上用場，所以我才將本書列入50本選書之一。

POINT

用自己的頭腦仔細思考，認真、踏實地抱持著熱情鑽研自己的專長。

36 《重塑組織》

——未經管理的組織能帶來爆炸性的成果

（暫譯）*Reinventing Organizations*（Nelson Parker）

佛雷德利・拉盧

在麥肯錫參與組織改革計畫10多年後，自立門戶成為管理顧問、教練、引導師。費時2年半的時間，對全世界的組織進行新組織型態調查，撰寫《重塑組織》一書。本書已被譯成12國語言，是全球暢銷書籍。現在以家庭生活為重，擔任教練及舉辦演講活動等。

你有辦法自信地說出「工作很開心」嗎？

某調查結果顯示，「熱愛工作」的人，在全世界只佔了35％。

「難道就沒有通情達理的新組織，能讓每個人都能從工作中獲得成就感嗎？」

作者拉盧意識到此問題，從各業界找出此類組織。組織員工將自身的工作視為天職，工作目的是為了達成組織的崇高目標。

他發現這些組織的構造和做事方式都驚人地相似。拉盧將這些組織稱為進化型（青色）組織，在書中詳細介紹。

現代組織創造出龐大的財富，消除貧困，根絕多數疾病，延長人類的壽命。但與此同時，也有不少遭管理的員工罹患精神方面的疾病。現行組織已經瀕臨極限。

或許你會想，「怎麼可能建立新的組織型態」，但其實人類每次在創造出新組織的同時，都獲得了飛躍性的能力。拉盧用不同顏色來形容組織的5個進化階段。

①**衝動型**（**紅色**）↓源於1萬年前首領制的原始王國，形成靠力量支配、最早期的部落社會。這種組織就像**「野狼集團」**。

②**順應型**（**琥珀色**）↓數千年前人類開始大規模農耕，發展出巨大的組織，國家和文明隨之誕生。糧食充沛，權力者登場，建立秩序，形成階級社會。這種組織就像**「軍隊」**。

③**達成型**（**橘色**）↓現代主流的組織。人們對階級組織的權威和規範抱持著疑問，學會理性思考。企業經營也依照實力主義及目標管理。這種組織就像**「機**

械」。

④多元型（綠色）→對成果主義的弊害抱持著疑問的反體制派和後現代主義思想開始認為「應尊重個人想法」。這種組織就像**「家庭」**。

⑤進化型（藍綠色＝青色）→過度追求平等主義難以得到共識，容易停滯不前。於是，想實現組織目的的人齊聚一堂，基於對彼此的信賴及自律展開活動。這種組織就像自律的**「生命」**。

就像這樣，人類的組織隨著需求進化至今。人類今後也能繼續進化。

接著來看2家公司的進化型（青色）組織實例。

沒有領導者，集體做決定

Buurtzorg是提供鄰里居家照護的荷蘭組織。

荷蘭的居家照護服務原本是由看護提供，到了1990年代，荷蘭的健康保險部想要「提供更完善的照護服務」，便依照專業技能將看護分類管理，規定標準化作業流程（例如：「靜脈注射10分鐘」等）。患者打電話到服務處後，服務處會派看護前往患者家中。

然而，患者的反彈聲浪不斷，常抱怨「有不認識的人出現在自家玄關」、「不想每次都重述病例」，導致看護的工作加重，醫療品質降低，患者和看護間的信賴關係遭到破壞。

看護約瑟・德・勃洛克想要「改變現狀」，2006年與10名看護一同創立了Buurtzorg，在6年內成長為擁有7千名看護的組織。

Buurtzorg將10～12名看護組成1個團隊，負責照顧固定區域的50名患者，由團隊自行決定所有工作內容。沒有領導者，而是集體做決定。要收容哪位患者、行程安排、業務管理、租借辦公室、人才招募等，全都由團隊自行決定。

1～2名看護負責照顧1位患者，看護會真心誠意地面對患者，培養深刻的信賴關係。從結果看來，看護時間比原本少了40％，住院人數降到3分之2，住院期間縮短，大幅減少醫療費用的支出，還帶來隱性的附加成果，使患者在生命尾聲的精神面及人際關係面得到慰藉。不僅如此，看護也對工作抱持著高度熱忱，缺勤率降到60％以下，離職率也減少了33％。

第一次聽聞「沒有領導者的組織」時，我心想：「這樣不會變成沒人負責的無責任狀態嗎？」實際上並不會變成這樣。因為團隊全員都先學習了有效率做決定的技術和技巧。

雖然團隊裡沒有管理者，但有「地區教練」。教練的職責也是團隊成員自行決定的。教練沒有決定權，也沒有業績目標，而是要丟出各式各樣的問題，幫助組織提升能力。事實上，在Buurtzorg剛創業之際，有些團隊是由教練張羅大小事，但這些團隊明顯比其他團隊更依賴教練，缺乏獨立自主性。

Buurtzorg共有7千名看護，但總公司只有30人，沒有人事部門，人才都是團隊自行招募。

團隊的最優先目標是「回應顧客的要求」

營利企業也有進化型組織。FAVI是製造歐洲汽車變速箱的公司。

FAVI原本是一家金字塔型組織的普通製造公司，在新執行長上任後，依照專攻的顧客類型，將公司組織分成21個自主經營的團隊。他解散了人事、企劃、技術、IT、採購等部門，將員工分別調至各個團隊，每個團隊有15～35人。

各團隊的最優先目標都是「回應顧客的需求」。**業務沒有目標業績，促使他們推銷的動力是為自己的團隊接下訂單**。而且業務接下訂單後不能說「我接了1千萬美元的訂單」而是要說「我接了10人份的訂單」。

FAVI也是讓團隊自行決定所有業務內容。若是牽扯到複數團隊的案件，則成立計畫小組共同處理。

FAVI變速箱的市占率達50%，主打高品質，保持「過去25年間無遲交」的傲人紀錄，薪水遠高於業界平均值，利益率也很高，員工離職率更是零。據說在FAVI待過後，就很難接受其他公司的工作環境了。

Google有個名叫「20%時間」的文化，技術員有2成的時間可以自由運用，但這些進化型公司的自由時間都是100%。

只要相信「全體員工都很守規矩，又通情達理」，就不需要靠組織統治了。事實上，FAVI曾發生鑽頭失竊事件。當時執行長在倉庫貼了一段話：

「相信大家都知道，在本公司行竊的人會遭到解雇，這是非常愚蠢的行為。」從此以後就再也沒發生竊盜事件了。

自我管理……靠「建議程序」做決定

進化型組織跟傳統組織的差別在於**「採用自我管理」**、**「重視整體性」**和**「具存在目的」**。

原則上任何人都能做決定，只不過一定**要聽取全體關係者及問題專家的建議**。不一定要全盤接受，但一定要認真檢討。

傳統的決策方法有兩種，分別是會讓多數人感到不滿的「由上而下法」，以及耗時又無人承擔責任的「共識決策法」。**「建議程序」**能解決這兩種決策法會遇到的問題。

所有利害關係者都能發表意見，責任歸屬也很明確，能迅速做出決定。決策者也能隨心所欲做事。這種建議程序是進化型組織的核心，領導者也不例外。

無採用建議程序的進化型組織幾乎無法持久，將成為「解雇」的對象。

此外，進化型組織會將組織情報完全公開，因為不透明的組織容易讓人產生疑慮，情報量的差異會導致階級產生。

過去美國的心理學家麥格雷戈曾提倡「人是懶惰的，會逃避工作」的**X理論**，以及「人是主動的，有自制能力」的**Y理論**。驗證結果証明「兩者都是正確的」。

懷疑他人，用規則束縛，人會想辦法掙脫，証明「X理論是正確的」。

信任他人，人會想辦法回應期待，証明「Y理論是正確的」。

恐懼會孕育出恐懼，信賴會孕育出信賴。進化型組織的思維屬於後者。

重視整體性……「真實的自己」

放假時跟同事不期而遇，驚訝地發現他跟平常上班時的模樣簡直判若兩人。大家有沒有這樣的經驗呢？

在傳統的職場上，人會戴上職場用的面具，但若能隨時展現自己的風格，人生會更加充實。在進化型組織中，人能保持最真實的自己。不過，人是脆弱的動物，當真實的自己遭到拒絕時，會受到更大的傷害。

因此，進化型組織會留意人類的弱點，頻繁舉辦研修、教育訓練及討論，讓「人性本善」、「人各有異」、「不要自以為正確，要接納他人的意見」、「傷害他人的自尊心是可恥的行為」等價值觀徹底滲透人心。

具存在目的……傾聽組織本身的目的

進化型組織會經常詢問組員「組織的存在意義和使命是什麼」。組織裡不存有「競爭」。Buurtzorg的目標是「幫助患者過上幸福人生」。與其說Buurtzorg是個目標一致的組織，不如說是抱持著相同目標的同志。不執著於成長及利益，盡全力達成存在目的，最後依然能創造出莫大的利益。

只要員工能思考存在意義，持續為顧客提供價值，就能掀起改革。**創新並非來自計畫，而是來自組織末端。**

網路技術使進化型組織加速前進

進化型組織利用Book43《動機與行動》介紹的內在動機，讓個人從事能運用自身優勢的工作，發揮出強大的力量，消滅管理、指揮產生的浪費，以及等待上司決策浪費掉的時間，使工作得以迅速進行，創造出巨大的成果。

我認為本書跟Book32《追求卓越》、Book33《基業長青》和

Book34《從A到A+》有共通點，都努力將個人的力量發揮到極限。不過，本書跟這3本書的出版年代不同，現代組織能靠網路技術，從金字塔構造的束縛中解放出來，得以實現「建議程序」，不必再管理目標和成果。

日本地方創生的現場並無組織構造，多為關係對等的自營業者，不適用傳統的組織經營方式。在這種情況下，進化型組織的思維肯定能派上用場。

現在進化型組織陸續誕生，主要原因之一是IT逐漸進化與普及。也許人類總算做好了再度飛躍的準備。

POINT

無管理的進化型組織能使人幸福，創造出高度成果。

37

《領導人的變革法則》

——人人都能成為領導改變企業

（天下文化）

約翰・科特

哈佛商學院松下幸之助領導學講座名譽教授。從MIT、哈佛大學畢業後，自1972年起任教於哈佛商學院。1981年，年僅34歲就升上當時史上最年輕的正教授。主要著作有《引爆變革之心》、《領導與變革》、《幸之助論》、《冰山在融化：在逆境中成功變革的關鍵智慧》、《與獅子對話：積極有效回應反對你的人》等多部。

負面新聞頻傳、業績蕭條的Ａ公司的領導人，面色凝重地召開記者會。

「本公司將進行根本變革。」Ａ公司的領導人從好幾年前開始，就經常把這句話掛在嘴邊，但至今尚無任何改變，現在甚至連轉賣的風聲都傳出來了。然而，我那位在Ａ公司上班的朋友卻依然抱持著「船到橋頭自然直」的樂觀態度，可惜Ａ公司難以倖免。

變革管理及領導界的世界級權威科特說：「很多人搞錯變革的方法，應按照基準來推動變革。」《時代》雜誌評選本書為「對企業經營最有影響力的25本書」

變革常犯的錯誤和「變革的8個步驟」

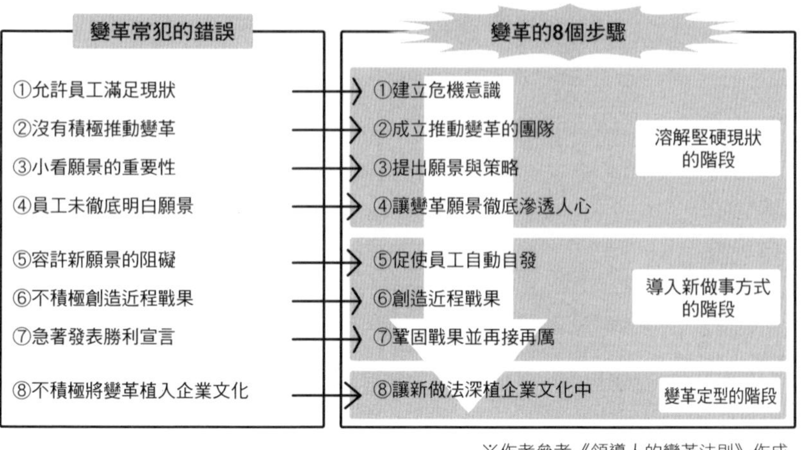

※作者參考《領導人的變革法則》作成

之一。

上圖左方是企業變革常犯的8大錯誤，這些錯誤都是可以避免的。科特提倡上圖右方的**「變革的8個步驟」**。若忽視各階段的成果，一味地向前行，終將引發問題，導致變革失敗。

具體來說該如何推動變革呢？接著以長野縣的阿智村為例，一起思考一下。

阿智村是個總人口6600人的小村莊，村裡有20間溫泉旅館，是個小溫泉鄉。從名古屋搭乘高速巴士2小時就能抵達，地理位置絕佳，在高度成長期時，有大量以中京工業地帶製造業為中心的公司團體客來訪，1990年代前半的年間住宿客多達50萬人。不過，之後阿智村的觀光產業逐漸衰退，到了2011年時，住宿客已經減少到只剩35萬人。

第1階段 建立危機意識

雖然溫泉客大幅減少，但觀光相關人士卻毫無危機感，認為「不久後就會恢復繁榮」。只有某溫泉旅館的企劃課長松下仁擔心「再這樣下去就無法把阿智村傳承給下一代了」。旅館舉辦的活動雖然能取悅住宿客，但無法增加來客數。他心想，「阿智村一定要齊心協力執行區域規劃才行」。

變革的動力來自「覺得再這樣下去不行」的強烈危機感。若人人都滿足於現狀，就無法推動變革。前面提到的A公司，就是因為員工跟主管都覺得「總會有辦法」、「景氣復甦後就會復活」、「不是自己的責任」，所以才遲遲無法推動變革。

第2階段 成立推動變革的團隊

為了尋求區域規劃的靈感，松下去參加研討會，認識了從觀光角度推動區域活絡發展的JTB員工武田道仁，兩人一拍即合。他們找了幾名值得信賴的夥伴，開始推動阿智村的區域規劃。

一般人聽到成功變革的實例時，總會聯想到「有一名厲害的人物在背後推動變革」。

但實際上，推動變革的是抱持著同樣的危機意識、彼此信賴的團隊。重點是必須從一開始就找到這些成員。本書提出2點注意事項。

首先是不要找抱持著奇怪的階級意識、喜歡攻擊他人、會導致團隊合作惡化的人加入。這種人會磨損大家的信任，導致團隊停滯不前。

也不要找一群擅長管理的人加入，這也是失敗的原因。

最重要的是找一群「想改變現狀」的人。

第3階段 提出願景與策略

成員們在討論「什麼是阿智村特有的賣點」的過程中，想起從阿智村滑雪場能欣賞到美麗的星空。其實阿智村早已被環境省認定為「全日本最適合觀星的地方」。因此，大家得到了「吸引年輕人來欣賞星空，振興地方觀光」的結論，開始籌備「日本第一星空夜間導覽」活動。

科特說：「變革必須要有能促使人行動的魅力願景。」願景不能太困難，應該像「日本第一星空夜間導覽」一樣簡單明瞭。

第4階段 讓變革願景徹底滲透人心

松下等人為了讓「日本第一星空夜間導覽」的活動徹底滲透人心，針對觀光業者舉辦說明會，並持續向各大媒體發送情報。一開始大家的反應都相當冷淡，經過他們堅持不懈的努力，才總算將此理念滲透到大家的心中。

人們每天都會接收到爆炸性的資訊量，重要的變革願景容易埋沒在龐大的資訊中。因此必須制定出簡單明確的願景，並且不斷傳遞訊息。

第5階段 促使員工自動自發

大批觀光客在得知「日本第一星空夜間導覽」的活動後，紛紛湧入阿智村，團隊的工作量因此爆增，但松下把這些工作都委託給他人處理。他請滑雪場的年輕老闆招聘及培訓星空導遊，並請觀光局的女性們企劃及執行「向女性傳達阿智村魅力的計畫」。

企業想擴大變革時，也必須促使員工自動自發，創造出便於導入新工作的環境，除掉會妨礙新工作的阻礙。

人事方面也必須重新調整。若變革的目的是「實現最大的顧客滿意度」，那人事評價的評價項目就不應該是「業績」，而是「顧客滿意度」。

第6階段 創造近程戰果

松下設定了年度集客目標，而且每年都順利達成。

第1年：目標5千人，實際來了6千5百人

第2年：目標1萬5千人，實際來了2萬2千人

第3年：目標10萬人，實際來了11萬人

松下每年都順利達成目標，觀光業者也愈來愈信任他。

人們常說；「大規模變革無法同時追求短程和長程戰果。」

但成功的變革應該要像阿智村一樣，在實施大規模變革的同時，也要設定短程目標，獲得實際的成果。決定短程目標後，朝著目標前進，也能趁機仔細檢查變革的方向性。等到收穫戰果後，還能拉攏反對派和無關心層的心。

第7階段　鞏固戰果並再接再厲

松下每年都會發現並解決新的問題，推動變革繼續前進。

變革成果顯現後，原本興趣缺缺的工商業者也出聲抗議「怎麼只有觀光業在賺錢」。於是他便開發出跟星星有關的名產和區域貨幣，確保工商業者的利益。

明明組織尚未變革完畢，卻在獲得某種程度的成果後，就急著宣布「變革成功了」，變革將在這瞬間畫下句點。規模愈大的變革，需要愈多人和組織互相幫助，因此必須讓變革長久維持下去。

第8階段　讓新做法深植企業文化中

如今，阿智村正在努力將「日本第一的星空村」的頭銜融入地區文化中。

現在連阿智村的村長都會主動率領整個村莊深植新文化。

無法從一開始就改變企業文化

有人說：「變革最大的阻礙是老舊的企業文化。大規模變革的第一步就是改變企業文化。」科特當初也是這麼想的，但經過長年研究後，他得到了結論，確定**「這是錯誤的想法」**。

正如同夏恩在Book38《企業文化生存指南》裡所述，企業文化無法輕易改變，也無法人為操控，因此**必須先改變人們的行動**，**「靠新行動得到成果」後，再博得人們的認同**。這麼做就能一步步改變企業文化。由此可知，改變企業文化的時間點並非變革初期，而是最終階段。

推動企業變革的人不僅要擁有管理能力，還必須具備領導能力。

這兩者看似相像，其實有天壤之別。

領導能力是決定方向性（例如：「一起爬上那座山的山頂」等），為組織成員賦予動機，激發其行動的能力。能在決定變革內容後，激發出眾人的動力。

管理能力是為了「爬上那座山的山頂」而制定計畫，調度資源，使組織成員能順利抵達目的地的能力。能徹底實行決定好的事項。

變革需要恰到好處的領導能力和管理能力。

多數無法推動變革的大企業，雖然擁有大批具備管理能力的人才，卻幾乎沒有具備領導能力的人才，所以才無法順利變革。

我們必須改變對領導能力的看法。在舊時代的思維中，「領導能力是與生俱來的才能，只有萬中選一的菁英才擁有」，但實際上，**任何人都有辦法發揮領導能力，而且人人都能培養**。

原本只是旅館企劃課長的松下，在感受到危機後，積極採取行動，過程中逐漸打動周圍的人，發揮領導能力，幫助阿智村脫胎換骨。

就如同科特在Ｂｏｏｋ42《幸之助論》所介紹的，被譽為「經營之神」的Panasonic創辦人松下幸之助，年輕時勤奮向學，體弱多病，完全沒有領導者該有的模樣，但他隨時都抱持著危機感，在危機中不斷成長，最終成長為世界級領導者。

本書絕對能成為指南針，指引「想變革自己的組織」和「想成為領導者」的人。

> **POINT**
> **人人都有機會成為領導者改變組織。先抱持著危機感。**

38

《企業文化生存指南》

——企業文化是最後的大魔王

（暫譯）*The Corporate Culture Survival Guide*（Jossey Bass）

艾德・夏恩

麻省理工學院（MIT）史隆管理學院的名譽教授。1952年取得哈佛大學社會心理學博士學位。在沃爾特里德陸軍研究所工作4年後回到MIT，擔任教職至2005年。目前仍以顧問的身分活躍中。

A公司員工會投入大量時間完成工作，做事方法也很制式化。

B公司員工的工作步調快，公司內部朝氣蓬勃，氣氛輕鬆。

A公司該複製B公司的企業文化嗎？

業績持續不振時，很多經營者會試圖「重新打造企業文化」，但**企業文化是變革的最終大魔王**，難以隨心所欲改變。

本書作者夏恩是名實務家，曾擔任眾多組織的顧問，也是全世界第一個基於實務經驗樹立企業文化論的人物。

美國有家業績蒸蒸日上的遊戲公司，從外部招攬了新執行長。在這位經驗老道的執行長眼中，這家公司雜亂無章，毫無制度，業績歸屬不清，於是他明確分配個人責任，導入基於競爭原理的報酬制度，但從此以後，原本蒸蒸日上的業績開始停擺，優秀人才紛紛出走。

原本公司內部的開發人員合作無間，用獨特的創造力刺激彼此，激發出新靈感，就算問他們「誰做出了怎樣的貢獻」，也沒人知道答案。新執行長強行分配責任和導入競爭制度，破壞了和諧的氣氛，剝奪了他們的創造性。因為新執行長並不清楚這家公司的企業文化。

企業文化會影響個人或團體的行動、想法和價值觀。企業文化在組織裡是理所當然的，組織內部人員通常不會特別在意，但看在旁觀者的眼中，經常會感到匪夷所思。

我曾是ＩＢＭ的員工，以前到美國長期出差時，來自世界各國的ＩＢＭ員工們會趁假日一同出遊。

日本人、丹麥人、德國人會準時赴約，等老半天仍不見義大利人的蹤影，到

企業文化有3個層級

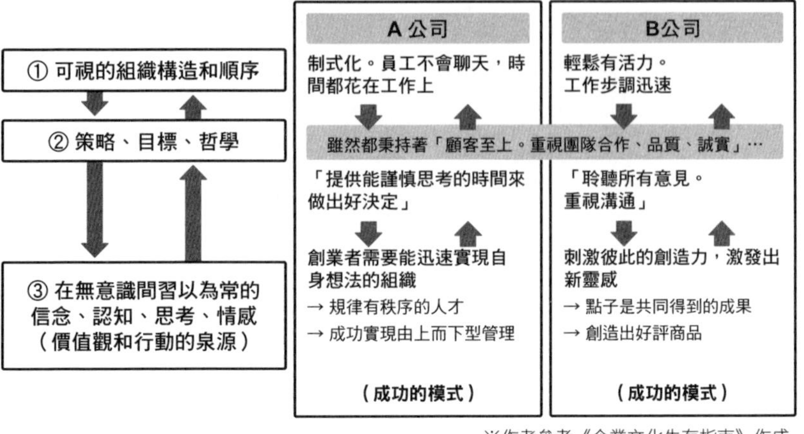

※作者參考《企業文化生存指南》作成

房間一看，發現他正在邊哼歌邊淋浴。

拉丁美洲諸國的上流社會允許遲到，但對歐洲北部的國家來說，遲到就像在侮辱人。丹麥人總是迅速抵達，他本人認為理應如此，但不同文化的人會覺得他很奇怪。

企業文化是學習過去成功思維和行動後得到的結論。簡單來說，企業文化是**「成功留下的禮物」**。企業文化會影響到企業的一切行動。

很多低迷企業的企業文化都已經過時，但企業文化是奠定公司各方面優勢的基礎，無法隨心所欲改變。因此，變革時不應該強行改變企業文化，而是要基於現行企業文化仔細思考。

先找出組織首要面對的問題。問題和危機都能成為改變文化的契機。這點在Book37

《領導人的變革法則》也有提到。

企業文化的3個層級

如圖所示，企業文化可分成3個層級。

表面可見的是**「組織構造和工作順序」**，其次是**「策略、目標、哲學」**等企業提倡的價值觀，最後是**「在無意識間習以為常的信念、認知、思考、情感」**，這些都是價值觀和行動的泉源。只要深入探討開頭提到的A公司和B公司，就能清楚明白。

A公司的員工會花時間在工作上，採取制式化的工作方式，因為A公司認為「一定要慎重考慮後才能做出決定，應提供充裕的思考時間」。其創辦者是名優秀的技術員，需要能迅速實現自身想法的組織，因此招募了井然有序的人才，成功實現由上而下型管理。就這樣，A公司的企業文化隨之誕生。

B公司氣氛輕鬆、朝氣十足、工作步調快，因為他們像前面提到的遊戲公司一樣，「重視團隊合作，會聽取所有人的意見後才做決定」。像這樣刺激彼此的

變化的模式
企業文化會在3個階段改變

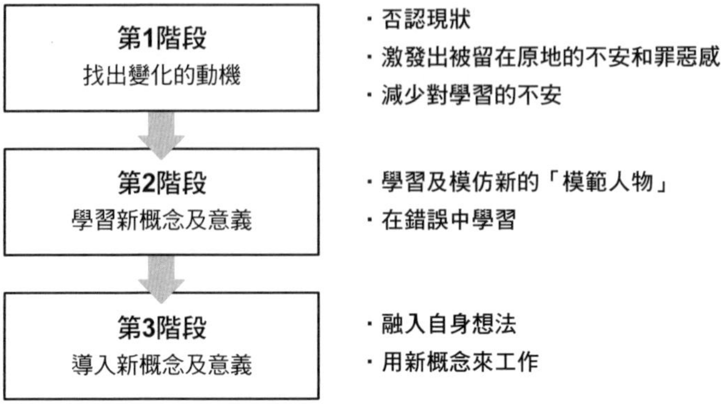

第1階段 找出變化的動機	・否認現狀 ・激發出被留在原地的不安和罪惡感 ・減少對學習的不安
第2階段 學習新概念及意義	・學習及模仿新的「模範人物」 ・在錯誤中學習
第3階段 導入新概念及意義	・融入自身想法 ・用新概念來工作

※作者參考《企業文化生存指南》作成

創造力，催生出靈感，一步步走向成功。

A公司和B公司都靠過去累積的成功經驗，建立起企業文化，將企業文化植入員工的想法和價值觀中，使兩家公司的員工對同一句話產生不同的解讀。

舉例來說，若問他們：「你認為真正的工作是什麼？」A公司員工會回：「靠自己反覆思考。」B公司員工會回：「跟其他人一起討論。」

企業文化已經深植在他們的價值觀中。若要A公司員工「學習B公司」，就像叫自由奔放的義大利人「變成守規矩的德國人」一樣，是非常不合理的要求。

改變企業文化的「變化模式」

企業文化無法被刻意改變，遇到危機時才會逐漸發生變化。

此時最需要的是**「反學習」**（unlearning）。企業文化來自成功經驗的學習，若想改變企業文化，就必須捨棄該學習，但這非常困難，因為沒人能保證捨棄學習後，能否順利走下去。反學習就像「高空彈跳」一樣，人們都害怕失敗，遲遲不敢跳下去。

因此，夏恩提出了**「變化模式」**，告訴大家能改變企業文化的3個階段。

第1階段 反學習的階段。多數人其實不願意改變，但遇到危機時，不改變恐怕無法存活。必須讓組織成員認同「維持現狀遲早會失敗」，當「被留在原地的不安」勝過「學習新知的不安」時，人就會開始改變。不過，一味煽動不安情緒，恐導致人心封閉，因此，減少對學習新知的不安感也非常重要。若用高空彈跳來形容，就像對挑戰者說「放心，繩子絕對不會斷掉」，讓挑戰者安心一樣。

第2階段 學習新的想法。選出新的「模範人物」，向該人物學習。若用高空彈跳來形容，就像找來會跳的人，安撫挑戰者說「你看，一點也不可怕」，讓挑戰者模仿一樣。此時也要獎勵從錯誤中成長的成員。

第3階段 將新想法融入組織成員的工作中。創造出全新的行動模式，讓企業文化逐漸定型。

每個國家創造企業文化的過程都如出一轍，重點是不能模仿其他公司的企業文化，而是要想辦法讓自家的企業文化更上一層樓。夏恩也提到：**「日本企業不應該囫圇吞棗地複製美國企業的價值觀。」**

無視企業文化造成的問題，就無法順利變革。徹底掌握本書的重點，肯定能將變革過程中會遇到的阻礙防患於未然。

POINT

成功後才會形成企業文化。「危機」是變革的關鍵。

《誰說大象不會跳舞？》（時報出版）

——改變企業文化必須先實行！

路・葛斯納

1965年取得哈佛大學商學院MBA學位，同年入職麥肯錫管理顧問公司。1993年，瀕臨崩壞的IBM為了東山再起，從多位知名經營者中欽點葛斯納擔任董事長兼執行長。葛斯納擔僅花了短短數年就帶領IBM重新復活，被譽為1990年代最具代表性的經營者。除了兼任公職及外部董事以外，對教育界也有諸多貢獻，曾獲頒各項大獎。

1990年代前半，坐擁30萬名員工的IBM面臨破產危機。

本書是IBM浴火重生的故事，作者是獨自駕馭這頭巨象，帶領其從谷底復活的葛斯納。特別的是，本書是由經營者親自撰寫，並未找寫手代寫。

當時我還在IBM上班，親身參與了公司急速衰退的整段過程。雖然有感受到危機，但完全沒有走投無路的感覺。「我們可是IBM，不會有事的啦！」公司裡充斥著這股奇妙的氣氛，第一線員工跟管理者死守著早已過時的做事方法，導致公司持續衰退。

過去葛斯納還是美國運通的幹部時，數據中心的機器全來自ＩＢＭ。只要買了任何其他公司的機器，ＩＢＭ的負責人就會威脅要終止合作。「怎麼會有公司敢對顧客這麼囂張！」據說他當時相當震驚。

在他當上ＩＢＭ的執行長後，他發現前任執行長其實清楚明白公司在業務上遇到的所有問題。

但前任執行長並無重視企業文化、團隊合作、客戶關係和領袖風範。葛斯納還在ＩＢＭ內部找到好幾本寫滿公司願景的資料。ＩＢＭ擁有業界頂尖的技術，卻也因此作繭自縛。

他認為「公司重建的重點在於實行」，於是他在接任初期的記者會上表示：

「ＩＢＭ此刻最不需要的就是願景，最需要的是實效顯著的策略。」

他做了４個重要的決策。

決策1　保持公司的整體性，不輕易分割

當時電腦業界出現了許多專門販售主機、電腦、軟體、記憶體等的公司。多數業界人士都認為「提供全面服務的ＩＢＭ已經過時了，應該要像這樣分割開

來」。事實上，IBM也正在籌畫部門分割，但葛斯納的想法是：

「若沒人能統整多項產品，顧客也會很困擾。只有同時提供所有產品的IBM才能解決顧客的煩惱。IBM不應該分割，而是應該提供全套服務。」

於是，「停止分割計劃」成了葛斯納上任後的第1個決策。

決策2 大幅減少開支

IBM花費的成本極高。葛斯納實施了大規模經費削減。雖然不得不做出裁員等痛苦的決定，但當時已經沒有其他選擇。

決策3 建立新的公司架構

東拼西湊的業務流程已經過時，內部管理也是七零八落。因此，葛斯納決定花10年的時間實施全球最大的業務變革計劃，重新調整所有業務流程，在5年內縮減了1兆日圓的開銷。

決策4 賣掉生產性過低的資產，確保資金

當時IBM的資金周轉告急，為了確保資金，葛斯納賣掉商務機、曼哈頓的IBM大樓、研修中心、公司收藏的名畫等不必要的資產，還賣掉處理美國政府大型案件的知名事業部門，因為該部門的利潤率相當低。

葛斯納還在美國運通上班時，每到新國家展開信用卡事業，都會跟新國家的ＩＢＭ分公司有這樣一段對話：

「我們想在這個國家推廣美國的信用卡，請協助我們。」

「貴公司是新客戶，請先進行顧客登錄。」

雖然美國運通在美國是ＩＢＭ的大客戶，但對其他國家的ＩＢＭ來說卻是新客戶。

當時ＩＢＭ負責接待顧客的是勢力龐大的地方部門，缺乏從全球角度看待顧客的宏觀視野。

因此，葛斯納不讓地方部門繼續接觸顧客，成立能以全球觀點接待顧客的新部門，將顧客依照銀行、政府、保險、流通、製造等產業重新分類成12種類型，所有顧客都分別屬於其中1種類型，並分配各類型的預算及人員。

不斷向員工灌輸自己的思想

葛斯納上任1年後，我透過螢幕看到他在ＩＢＭ幹部前發言的模樣。以往在

ＩＢＭ土生土長的領導者都是彬彬有禮的紳士，絕對不會說對手的閒話，但畫面中的葛斯納卻完全顛覆我的印象。

一開始葛斯納先講了敵對企業的領導者貶低ＩＢＭ的發言。

「某位領導者說：『ＩＢＭ？雖然還沒完全死透，但已經不是我們的對手了。』」接著又說：「大家聽了不會覺得很不甘心嗎？我完全無法忍耐。我收到公司同仁寄來的好幾萬封電子郵件，全都在抱怨其他部門，沒有一封信在罵競爭對手。大家的夥伴被那些傢伙搶了飯碗，黯然離開我們，大家應該要感到憤怒才對吧？」

葛斯納也有把這件事寫在這本書裡。在我當時看的影片中，會議結束後，有好幾個人跑去跟葛斯納握手。

我記得很清楚，當時我大受衝擊，覺得公司「來了個不得了的領導人」。

葛斯納迅速執行業務變革及成本削減策略，幫助瀕死的ＩＢＭ起死回生，接著他還採取其他新策略。為了實現「整合各種產品及技術後提供給顧客」的想法，他成立服務事業及軟體事業。

此外，他推測「今後人們會透過網路經商」，讓行銷部門創造出「E-business」

葛斯納的IBM變革

先解決問題

- 大幅減少開支
- 業務變革計劃
- 賣掉生產性過低的資產
- 依照顧客類型重新編制組織

邁向新時代

- 成立服務事業
- 成立軟體事業
- E-business活動
- 企業文化變革

※作者參考《誰說大象不會跳舞？》作成

一詞，展開全球性的活動。如今「E-business」已成為通用語。

就這樣，ＩＢＭ浴火重生了。葛斯納表示，**「最棘手的是企業文化變革」**。

葛斯納十分重視與員工對話的機會，他造訪日本時，包括我在內的2千名日本ＩＢＭ員工一起參加了員工集會。他的演講時間只有短短10分鐘，接下來整整1小時都是問答環節。每個人都能提問，就算是難以解答的問題，他也會用自己的方式，誠懇地正面回覆。之後，他頻繁地親自發信給所有員工，不斷用自己的方式闡述自身想法。

ＩＢＭ是個由數十萬人組成的大組織，很難在短時間內改變所有人的想法和行動。

先採取具體的方式，等得到結果後，再將此

方式慢慢滲入人心，持續向員工提倡改變新文化的條件，接著就只能相信員工會改變了。改變企業文化前，必須先實行。葛斯納十分明白這點，他證明了Book37《領導人的變革法則》的作者科特和Book38《企業文化生存指南》的作者夏恩的想法，實際改革成功。

此外，葛斯納認為**「實行才是決定成功策略的關鍵」**，此想法跟Book5《好策略・壞策略》的作者魯梅特相同。

意外的是，葛斯納原本是個相當低調的人，幾乎沒有在媒體上露過面。他會不斷鼓勵員工，屬於Book34《從A到A+》提到的第5級領導。

很多業績低迷的大企業，都遇到跟當年IBM如出一轍的狀況，但少有企業比IBM更龐大或複雜。至於企業文化的變革，在全世界都一樣困難。

本書絕對能激發出幫助大組織重生的靈感。總之先從實行開始做起。

POINT

先實行，得到成果後使之滲透人心。持續呼籲員工，並全面信任。

40

《勇往直前：我如何拯救星巴克》（聯經出版）

——什麼是「自我風格」？

霍華・舒茲

星巴克咖啡的執行董事長兼執行長。1982年進入只有4家分店的星巴克，任職行銷主管，移居西雅圖。之後收購星巴克，將其培育成以高度企業倫理聞名的國際咖啡連鎖店。獲獎無數，曾入選《時代》雜誌的「全球百大影響力人物」。

距今20年前，西元2000年左右，星巴克的定位仍是時尚咖啡廳。2007年東京中城完工後，我發現「星巴克的氛圍變了」。東京隨處可見星巴克的蹤影，店內不再像往常一樣舒適。但到了現在，星巴克又再次成為舒服的放鬆空間。

其實2007年時，全球星巴克的業績都不理想。本書介紹急速成長的企業突破低潮、東山再起的故事。**重點在於徹底追求「自我風格」**。

本書作者是星巴克的創辦人舒茲。他創辦星巴克，帶領星巴克一路成長15年後，將執行長之位讓給後任者，2007年時他專任董事長一職。

星巴克的停滯與重生

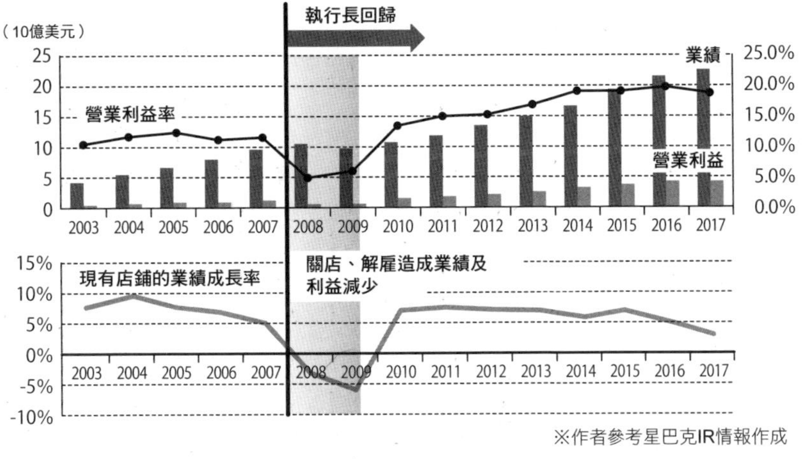

※作者參考星巴克IR情報作成

舒茲在2000年卸下執行長之位後，星巴克持續成長，全球分店在10年內從1千間急速增加到1萬3千間，業績和獲利都看似一帆風順。

然而，業績惡化的徵兆卻從細部逐漸浮現出來。2006年時，每位來店客的消費額慢慢減少，到了2007年夏天，來店客的增幅明顯降低。

當時我也對星巴克很失望，不僅味道變質，還得在狹窄的店內縮著身子用餐，舒適度不如以往。漸漸地，我不再光顧星巴克。此類現象紛紛出現在全球各地。到底出了什麼問題呢？

舒茲走訪全球各地的分店後，發現**「星巴**

克喪失了本質」。現磨咖啡豆濃郁誘人的醇厚香氣消失了。因為星巴克改用能提升效率的方法，先將咖啡粉裝袋後才出貨及保存。

雖然有販售用香氣濃郁的起司製成的早餐三明治，但咖啡的香氣反而遭到掩蓋。甚至有店長在充斥著起司味的店裡，得意洋洋地跟他報告說：「本週的三明治銷量遠超過目標！」

大量展店造成店鋪設計單純化，有些分店讓無接受完整培訓的店員幫客人泡咖啡，甚至還有分店販賣預泡的咖啡。在美國消費者評論雜誌舉辦的咖啡口味評比中，星巴克的評價甚至不如麥當勞。

以往星巴克提供給消費者的，是除了家和職場以外，能發現自我、放鬆身心的「第3空間」。即使在業績低迷的時期，也有死忠顧客不離不棄，認定「星巴克對自己來說是必要場所」，但這些人難免也會像當時的我一樣，慢慢減少回訪的次數。

星巴克親手扼殺了名為「星巴克體驗」的個性。

2008年舒茲回任執行長時，他的想法是：

- 「回歸原點」。不要死守歷史，而是要創造出改革及革新的風氣
- 不要追究過去的錯誤
- 策略和戰術無法收拾混亂局面，必要的是熱情

另外還有**「立刻實行」**（改善美國分店的業務現狀、找回與顧客的感情牽絆、開始長期改革事業基盤），以及明確規定出**「必須堅持的事情」**（咖啡的品質、員工的健康保險）。

他特別重視健康保險的維持。當時美國的健康保險制度尚未成熟，星巴克投入大量成本，為全體員工提供完善的健保福利。雖然有很多人建議他「廢除健保降低成本」，但這麼一來就會失去重要員工的信任。

因此，星巴克不惜增加成本，也堅持幫員工繼續保健康保險。

收掉600間分店……迅速變革

開始執行改革後，舒茲收到許多店員寄來的信。

「自從傳統服務和招呼語消失後，每次到店裡我都覺得很難過。很高興我能成為改變現狀、全心全力帶領星巴克重新復活的一員。眼前有希望了。」

舒茲陸續實施各種決策。

他讓全美國7100間分店全部停業，重新培訓13萬5千名員工。雖然停業造成了6千萬美元（6億日元）的損失，但也順利提升了咖啡品質。接著他研發出改良版咖啡，重新回歸在店裡現磨咖啡豆的方針，將咖啡的廢棄規定從1小時縮短為半小時，停止販賣味道強烈的早餐三明治，開發味道較淡的新產品，並全面更換高性能的濃縮咖啡機。

此外，他還從根本進行改革。

業績不佳的分店幾乎都是近兩年剛開幕的新店，是當時優先考量成長，急速展店造成的結果。舒茲決定收掉600間分店。雖然他盡全力幫員工找新工作，但依然被迫解雇大批重要的員工。

在處理咖啡豆選購、烘焙、包裝、倉庫管理、店鋪配送的供應鏈尚未成熟的情況下，公司就急速成長，讓分店苦不堪言。分店下訂單後，只有35%的機率能準時收到貨，經常無法提供商品給顧客。因此，舒茲多投入每年1億美元的成本，重新整頓供應鏈，省去一切不必要的流程，徹底排除一切浪費。

舊型業務系統使分店作業變得繁瑣，因此他全面更換POS系統，並導入最新型電腦。

舒茲還將顧客的要求「可視化」，推出官方網路社群「我的星巴克點子」，供顧客自由投稿星巴克的改善點子和意見，以及參加點子人氣投票。並設計了員工回應機制。「我的星巴克點子」上線後短短24小時內，就收到了7千件點子，1週內增加到4萬1千件，並有10萬人參與投票。

對於認真推動變革的星巴克，也有顧問嗤之以鼻，認為「不就只是賣個咖啡而已」。對此，舒茲提出反駁：

「星巴克不是在做向人賣咖啡的生意，而是透過咖啡在做人的生意。這個人不明白堅守星巴克文化的無形價值。」

2008年，星巴克減少分店，解決堆積如山的問題，推動新變革，度過了一腳踩煞車一腳踩油門的一整年。到了2009年，星巴克再度開始成長。

舒茲這麼說道：

「因為之前把毫無章法的成長當成策略，所以星巴克才走偏了。」

為何身為創辦人的舒茲有辦法大刀闊斧實施變革呢？舒茲表示：

「創辦人的優勢是清楚瞭解構成公司基盤的所有細節。（中略）這些知識能喚起成功必要的熱情，讓我能透過直覺判斷哪些做法是正確的，哪些做法是錯誤的。（中略）缺點是無法從外部的新視點來綜觀大局。」

美國企業常給人缺乏人情味的印象，但熱情和牽絆是無遠弗屆的。星巴克有著名為「星巴克風格」的全球共通價值觀，迅速發展成國際型企業，在喪失「自我風格」後陷入低迷，接著再次徹底追求「自我風格」，成功從谷底翻身。徹底追求「自我風格」的星巴克，肯定能成為眾多企業的參考對象。

POINT

喪失了「自我風格」會陷入低迷。持續徹底打造「自我風格」吧！

41

《永不放棄：我如何打造麥當勞王國》（經濟新潮社）

——在52歲那年創辦麥當勞，熱情又執著的顧客中心主義者

雷・克洛克

1902年生於美國伊利諾伊州，高中肄業後，當了紙杯銷售員、鋼琴師、奶昔攪拌機銷售員。1954年認識麥當勞兄弟，獲得麥當勞的特許權，成功在全美展店。1984年擴展事業版圖，全球共有8千間分店，後年成立雷・克洛克財團，還買下美國職棒大聯盟的聖地牙哥教士隊等，精力充沛地參與各項活動。

在現在這個時代，60歲退休後人生還很長。

「我已經50多歲了，不可能做新工作了。」有這種想法的人，最好讀一下這本書。

本書作者雷・克洛克創立麥當勞時已經52歲了。而且這已經是60多年前的事情，當時的52歲跟現在完全不同。當年他飽受關節炎和糖尿病之苦，已經切除膽

囊和大面積的甲狀腺，但他依然將麥當勞推廣到全美國，全世界有1%的人天天都在吃麥當勞。

52歲前，克洛克專心從事銷售員的工作，他賣過紙杯和奶昔攪拌機。

他聽聞「有間店同時使用8台能一次製作6杯奶昔的攪拌機」，便實際走訪。這間店就是麥當勞兄弟經營的小漢堡店，店裡大排長龍，攪拌機不停攪動著。

當時標準的點餐方式是店員到桌邊點餐後製作料理，這間店卻顛覆傳統。店員身穿筆挺的白襯衫和褲子，頭上戴著白色紙帽，給人乾淨的好印象。店裡一塵不染，雖然要排隊但不必久候，接單後會立刻送上美味的漢堡，客人再拿著漢堡到店外品嚐。這間店的菜單極為單純，只有漢堡、奶昔、薯條和無酒精飲料。在玻璃隔間的廚房裡製作餐點，所有餐點都有一套簡單的標準流程，任何人都能迅速上手。

麥當勞兄弟把店裡所有的技術都傳授給克洛克。

據說他們在設計店面時，先把員工召集到網球場，用粉筆畫出等比例的店內格局，讓員工實際模仿製作漢堡和薯條時的動作，不斷修改格局，才找出最有效率且距離最短的動線。

克洛克沒有從事餐飲業的經驗，但直覺告訴他，這筆生意蘊藏著極大的可能性。

他打算「先加盟，然後將分店拓展到全美」，於是他跟麥當勞兄弟簽下合約。

麥當勞兄弟創造出「生產品質均等的高品質漢堡」的技術革新。

克洛克以此為基礎，創造出販售層面的技術革新，帶領這項事業蓬勃發展。

克洛克面臨的問題是，要如何在維持品質的同時擴大規模。

麥當勞的歷史是一段跟品質與標準化交戰的過程。

麥當勞會提供商標和技術給加盟主，由加盟主經營分店，麥當勞收取等價的回報。

實際經營分店的人並非克洛克，而是加盟主。

剛開始開放加盟時，常有分店做出品質不良的漢堡，或擅自增加餐點品項，甚至放任垃圾散落一地，可以說是一團亂。

在歷經無數次的錯誤後，克洛克總算找出即使增加分店也能維持品質的方法。

他成立「漢堡大學」，規定只有經過漢堡大學認證的加盟主和管理者才能擁有自己的店，並成立商品開發研究所，研發出能計算薯條油炸時間的機器，還制定出一套標準的作業流程，讓員工不必再憑直覺作業。

雖然討厭卑鄙的行為，但自己卻不擇手段

克洛克也做出很多蠻橫的舉動。

他跟麥當勞兄弟簽訂的合約規定，任何改變都必須經過麥當勞兄弟的同意。麥當勞兄弟不認同克洛克的新挑戰，漸漸地，這份合約成了擴大事業版圖的絆腳石。於是，克洛克付了270萬美元給麥當勞兄弟，讓他們同意作廢合約。新合約規定，兄弟兩人的店不能沿用「麥當勞」這個店名，他們只好將店名改為「The Big M」。

不僅如此，克洛克還毫不留情地在The Big M對面開了一間新的麥當勞，把兄弟兩人逼到關店。

此外，克洛克與管理手腕高超的心腹哈利・索恩本在經營方針上日漸對立，最後索恩本離開了麥當勞。

有人建議克洛克「派間諜去探查競爭對手」，他勃然大怒地回道：「想瞭解對手的營運狀況，只要瞧瞧他們的垃圾桶就好了。我也曾經半夜兩點去翻垃圾桶，調查對手的肉和麵包的銷量。」

雖然討厭卑鄙的行為，但自己卻不擇手段，持續跟競爭對手交戰到底。

雖然克洛克會不擇手段攻擊對手，但這些行為全都是出於他考量「**什麼才是對顧客最好的**」後得到的結果。

克洛克收購大聯盟的聖地牙哥教士隊後，看了一場打得不理想的比賽，他愈看愈氣，直接從實況轉播主持人的手中搶過麥克風，對場邊球迷喊道：

「我們正在看一場很糟糕的比賽，我跟大家道歉，我已經看不下去了，這是我這輩子看過最無聊、最糟糕的比賽！」

「選手必須展現出最棒的表現給前來支持的客人。」克洛克是第一個像這樣公開表態的老闆。就算在棒球領域，他依然貫徹了顧客中心主義。

他想盡辦法讓店員以工作為傲，也是為了顧客。

提供服務的人是店裡的員工。克洛克認為「店員點餐時的笑容，正符合麥當勞的形象」。

他認為麥當勞的成長取決於店員和加盟主的動力。「麥當勞是在做人的生意」這個想法也是現代麥當勞的企業文化支柱。無論賣的是什麼，服務業最重要的都是跟顧客接觸的員工。

克洛克從不干預各分店的進貨量。他覺得「本部賣商品給分店，從中獲利，跟提供價值給顧客是背道而馳的行為」，因此，他會想盡辦法幫助每家分店都獲得成功。

只有信念和持續是全能的

克洛克表示：

「想加盟麥當勞的人，必須做好投入100%精力和時間的心理準備。我們不需要聰明才智，也不在乎學歷，只要求對麥當勞的熱情和對經營店鋪的集中力。」

有很多麥當勞加盟主都成了億萬富翁。每當有人對克洛克說：「克洛克是史上培養出最多富翁的經營者」，他都會回道：

「我只是給他們機會而已，是他們自己努力達成的。」

麥當勞的成功關鍵之一，是在整潔舒適的空間裡，有效率且迅速地提供美國人喜愛的高品質低價餐點，因此不會像其他餐飲業一樣受到景氣變動影響。

克洛克的成功是熱情和執著的結晶。他經常對夥伴們說：

「做下去吧！世界上沒有比持續更有價值的東西了。有才能、天資聰穎、有受過教育，依然失敗的人比比皆是。只有信念和持續才是全能的。」

本書開頭也介紹了他的座右銘：

「只要你還稚嫩，你就會繼續成長；一等到你成熟了，你就開始腐爛。」

這句話十分符合尚未成熟就帶領麥當勞一路跌跌撞撞成長的克洛克。

本書的日文版附有柳井正跟孫正義寫的推薦文。克洛克的企業家精神給予他們兩人極大的刺激，他們稱克洛克為師，擴大自己的事業版圖。

雷・克洛克是一位在全世界都受到敬重的企業家。他透過本書告訴讀者，無論時代再怎麼改變，顧客中心主義的重要程度都不會降低。

POINT

比起聰明才智和能力，更重視徹底的顧客中心主義、熱情、信念和持續性。

《幸之助論》（DIAMOND,Inc.）

——「經營之神」曾是個體弱多病的凡人

約翰・科特

哈佛商學院松下幸之助領導學講座名譽教授。從MIT、哈佛大學畢業後，自1972年起任教於哈佛商學院。1981年，年僅34歲就升上當時史上最年輕的正教授。主要著作包括《引爆變革之心》、《領導與變革》、《幸之助論》、《冰山在融化：在逆境中成功變革的關鍵智慧》、《與獅子對話：積極有效回應反對你的人》等多部。

本書是松下電器（現名Panasonic）創辦人松下幸之助的傳記。

雖說是傳記，但風格跟日本人撰寫的幸之助傳記不太一樣。

本書是**世界級領導學權威科特所寫的唯一一本經營者傳記**。

研究領導學20年的科特，一直都想「站在領導學的觀點分析經營者個人後，為其寫傳記」。科特在得知幸之助的存在後，花了7年的時間完成這本書。

幸之助生於全球經濟蕭條、烽火連天的年代。不同於現在這個時代，當時幾乎沒有未來可言。

而且從照片看來，年輕時的幸之助不苟言笑，沒有一絲領袖氣息。他不擅長在眾人面前發言，也無法迅速想出好主意，不像對手——SONY創辦人盛田昭夫一樣引人矚目，再加上他體弱多病，時常臥病在床。

不過，每當陷入困境，幸之助總能將危機化為轉機，一步步成長為領袖。日本人常將幸之助美化成「經營之神」或「偉人」，擁有豐富領導學研究經驗的科特則是透過自己的觀點，滴水不漏地調查了幸之助的一生，在書中具體描述幸之助是如何在人生各階段培養出領袖氣質。

成長過程（0歲～22歲）

1894年，幸之助出生在和歌山的和佐村。他有7名手足，加上雙親全家共10人。

他原本家境富裕，但父親在他4歲時做稻米期貨失敗，一家陷入貧困。他小學的成績在100人中排45名。

幸之助9歲時到大阪當學徒，在腳踏車店過著「1天工作16小時，全年無休」的生活。在這6年間，幸之助打穩了會計、銷售和商業買賣的基礎。

15歲時，他從當時正在普及的電氣中感受到未來性，轉而到大阪電燈（現在的關西電力）當技師。20歲時，跟相親認識的井植梅之結婚。

不過，大阪電燈1天的工作時間只有3～4小時，讓他很不滿足。這時候他的健康狀況也亮起紅燈，出現血痰等結核初期症狀。他的雙親和兄姊相繼過世，原本的10人家庭只剩下3人，他開始擔心「自己會不會也撒手人寰」。這時候他提出新的燈座設計案，遭到上司駁回。

神奇的是，在他興起「辭職」的念頭後，身體狀況竟逐漸轉好，於是他決定自立門戶。

企業家（22歲～37歲）

離開公司後，他只剩下存了5個月的100日元和4名夥伴（妻子、妻子的弟弟和兩名友人）。他將自家長屋的兩個房間改造成工廠。

但沒人知道燈座的製造方法。他向過去在大阪電燈認識的同事討教製作技術後，也被客戶以「我們不跟岌岌可危的公司做生意」為理由拒絕，業績慘澹。這時候兩名友人決定退出，剩下的3個人只好過著典當籌錢的生活。

某天，客戶突然跟他說：「我們需要1千個電扇零件，希望你能盡快給我們。」於是他開始連續1個月每天工作18個小時，趕工交件後，拿到了160日元（當時8個月份的薪水）的報酬，公司也有了一絲生機。之後客戶持續下單，他創立了「松下電氣器具製作所」，經營逐漸上軌道。

這個時期，幸之助全面掌握了事業的基礎。他改良競爭產品，用低於市價的價格販售，徹底節約實施低成本，把員工當成家人對待，靈活且迅速地開發新產品。他像這樣確立基本原則，帶領公司成長。

據幸之助的內弟井植歲男（之後的三洋電機創辦人）所述，當時的幸之助「**對工作的熱情高人一等，但能力平凡**」。幸之助體弱多病，經常臥病在床，東想西想就容易失眠，血壓也居高不下，但每次只要在工作上遇到困難，他的身體狀況就會奇蹟似地復原。

1929年，身體狀況惡化的幸之助正在靜養，此時正逢世界金融恐慌，松下電器的業績跌了一半。其他同業不是破產就是裁員，松下電器的經營團隊也認為「只有大幅裁員這條路可走」。這時候幸之助突然恢復精神，在靜養處向經營團隊發出指令：

「把產量減半，絕對不能裁掉任何1個人。把工廠的工作時間改成半天，大家一起銷售庫存。」員工聽到這個方針都鼓掌叫好。於是，松下電器順利解決掉過多的庫存，重振旗鼓。

之後，松下電器也進入收音機和電池等市場，獲得全日本最高的市佔率。受到重視的員工為了提高生產性，更努力工作，做出品質更好、更便宜的產品，並想出最優秀的銷售策略。此時，松下電器成長為擁有1千名員工的大企業。

成為風格獨特的領導人（37歲～52歲）

某天，幸之助接到天理教的邀請，前往奈良縣天理市參觀天理教本部。他發現教友們無怨無悔地勤奮奉獻，明明得不到報酬，卻依然滿臉幸福地賣力工作。

松下電器奉行的7條精神

產業報國的精神	用適當的價格提供高品質產品與服務，為整體社會帶來富足與幸福
光明正大的精神	秉持著公正與誠實，隨時留意不要先入為主，公平判斷
親愛精誠的精神	互相信賴，尊重個人自主性，培養實現共同目的的能力和判斷力
奮鬥向上的精神	即使逆流而行也要提升企業及個人能力，努力達成實現永續和平與繁榮的企業使命
遵守禮節的精神	隨時不忘謙虛有禮，尊重他人的權利和要求，使環境更加豐饒，維護社會秩序
順應同化的精神	遵從自然法理，配合瞬息萬變的環境條件調整思想和行動，做出各種努力，一步步收穫實質的進步與成功
感恩圖報的精神	永遠對他人的恩惠和親切抱持著感謝的心情，帶著喜悅和活力安然度日，就能在追求真正幸福的過程中克服各種困難

出處：《幸之助論》

這段經驗讓幸之助陷入深思。

「如果企業也能成為像宗教一樣有意義的組織，員工們會不會覺得更滿足，工作得更認真呢？」

1932年，幸之助在員工和幹部面前說道：

「產業人的使命是克服貧困，將整個社會從貧困中拯救出來，帶來富足。」接著他撈起從水管流出來的水，繼續說道：「企業的責任是把大眾需要的東西，變得像自來水一樣便宜。只要能實現這點，就能從根本消除貧困。」

不擅言語的他，一字一句都充滿熱情，深入人心。演說結束後，有數十人上台發表感言。之後，幸之助整理出「松下電器應遵守的精神」，讓員工每天早上朗讀。他的想法是：

「人有時候會淪為脆弱本性的奴隸，但若有遠大的目標，天天思考，人就會一步步接近目標，成為更優秀、更幸福的人類。」

這7條精神深植員工的心中，成為松下電器的行動規範。即使員工人數攀升，大家依然能團結一致，提高公司的競爭力。美國最早的企業價值宣言是嬌生公司在1940年代發表的「我們的信條」，幸之助比嬌生早了整整10年。

此外，他重新編制公司的事業部，大動作改變組織構造，改成大幅委讓權限的事業部制。幸之助認為，「企業成長停滯的原因不是市場，而是經營人才不足」，因此他趕在公司陷入大企業病前，縮小組織，將權限委讓給每位員工，激發員工的創造力及動力，培養具備經營能力的人才。體弱多病的幸之助只能依賴他人，事業部制是順其自然生成的制度，改用此制度後，幸之助也培育出多位領導人。

不過，正值顛峰的事業卻突然急轉直下。

綜合型領袖風範（52歲～76歲）

第2次世界大戰結束後，50歲的幸之助失去了一切。戰爭中，松下電器成了軍需工廠，戰爭結束後，欠下了巨額的債務。

GHQ（同盟國總司令部）認為「財閥是舊日本軍的軍產複合體的元凶」，實行財閥解體政策。松下電器也被認定為財閥，接到解散命令，幸之助背負個人巨債，遭到公司放逐，松下電器也遭到分割。但從此時開始，幸之助展開了驚人的復活之路。

終戰隔日，幸之助召集主要幹部，跟他們說：「我們必須承擔重建國家的任務。這不單純只是使命，而是我們的責任。」

幸之助還參加戰後結成的勞動組織的成立大會，上台跟大家打招呼。在3分鐘的致詞中，他提到：「我相信大家。經營方跟勞動組織一定能互相扶持。」得到一片歡呼。

得知幸之助遭公司放逐後，有93%的勞動組織成員簽名聯署，「希望幸之助繼續留任社長」。據說當時的商工大臣因為太常收到「撤換領導人」的請願書，在收到松下勞動組織的請願書時，還嚇到忍不住放聲大笑。1950年，幸之助花了4年的時間重返松下電器。

在這數年間，幸之助不斷問自己：「人類為什麼會陷入如此難堪的狀況？在追求和平和繁榮的同時卻自我破壞，這難道是人類的天性嗎？」在自問自答的過程中，他逐漸蛻變為一名擁有強烈意識、先見之明、能夠鼓舞大眾的傑出經營者。被迫長時間深入思考的他，練就了一身勇氣與膽量，將原本以社會為中心的願景，改成更遠大的社會目標。

幸之助感受到海外學習的重要性，在56歲那年首度前往海外出差。繁榮的美國激起了他旺盛的挑戰心。他與飛利浦公司技術合作，導入海外技術，創設了中央研究所。松下電器重新上了軌道，開始成長。

隨著技術不斷提升，松下電器在國際間的評價也愈來愈高，成長為國際型企業。

理想的領袖風範（76歲～94歲）

幸之助在66歲出任會長，79歲退居顧問，脫離公司的日常業務，但他並未退休，他想「研究人類的本質」，便取「繁榮帶來和平與幸福」的第一個字母，成立PHP研究所，投入大量的時間撰寫了46本書。

他認為「政治家欠缺願景。沒有真正的領導者」，希望能培育出行政、政治的領導人才，故於同一時期創立松下政經塾。

在晚年的20年間，幸之助所做的一切都是在幫助他人學習。

他樂於學習、持續成長的態度，終其一生都沒有改變。

幸之助晚年參加某次午宴時，牛排只吃了一半，就請人叫主廚出來。他對緊張地站在他面前的主廚說：「牛排非常好吃，但我沒什麼食慾，吃不太下。我之所以請你過來，是因為怕剩這麼多你會介意。」

儘管已經邁入晚年，他依然不忘關心他人，謙虛又率直地透過大小事學習。

若用一句話來形容幸之助的一生，那就是**「艱難困苦，玉汝於成」**。

幸之助從60多年前就開始實踐Book32《追求卓越》介紹的經營方法，他也是柯林斯在Book34《從A到A+》中提到的「第5級領導」。他沒有特殊的才能，透過無數的逆境學習，不斷成長，經過漫長的時光淬鍊，蛻變為一名強大的領導者。

現代的競爭和變化都比以往更加劇烈，有辦法在現在這個時代大顯身手的人，正是像幸之助一樣活到老學到老、擁有學習慾望和能力的人。本書告訴我們，只要保有一顆謙虛又率直的心，無論活到幾歲，都能從各種經驗中學習。

POINT

只要有透過逆境持續學習的慾望，我們就能成為領導。

第6章

「育才」

人類推動商業活動。瞭解人類，在商業活動中是極為重要的一環。然而，因不夠瞭解人類而失敗的策略，以及無法順利推動的經營變革卻不在少數。本章介紹與動機理論、行為經濟學、心理學、人際關係有關的8本名著。

43 《動機與行動》

——自律性和成就感能促使人學習與成長

（暫譯）*Why We Do What We Do*（Penguin Books）

愛德華・L・德西

羅徹斯特大學心理學教授，內在動機研究的始祖。1970年代發表論文《外在動機會降低內在動機》，為心理學界投下震撼彈。之後，與理查德・里昂一同發展「自我決定論」，用內在動機的概念，證明行動的自我決定性高低，會影響表現和精神健康。

多數人都認為「報酬能提升動力」。

心理學家德西所寫的這本書，顛覆了這個常識。

應該有很多人看過海狗表演。飢腸轆轆的海狗為了吃訓練師手上的魚，會乖乖依照指示做動作，用前肢拍手或向觀眾揮手。也許有人看著海狗，會產生這樣的想法：

「如果用同樣的方式把魚給下屬或孩子，他們會不會也對我言聽計從呢？」

若得不到作為報酬的魚，海狗就不會做出任何動作。動機理論將此稱為**「外在動機」**。失去了魚，外在動機隨之消失。但你的期望應該是，就算沒有用魚誘惑，下屬或孩子也會正確行動。

心理學家哈利・哈洛把拼圖放入猴子的籠內，發現就算沒有給予任何報酬，猴子依然會積極拼拼圖。哈洛將此現象命名為**「內在動機」**，也就是「主動學習、動手的慾望」。

「報酬、威脅、競爭」會減弱內在動機

德西做了個實驗，研究報酬會對內在動機造成怎樣的影響。他用了能讓眾人沉迷的「索瑪方塊」。

他將學生分成兩組，答應其中1組解開後能得到獎金，另1組毫無報酬。他給學生們30分鐘的解謎時間，兩組都很積極地解謎，差別在於學生們休息時的行動。

無報酬組認為「索瑪方塊很有趣」，休息時間依然持續解謎。

有報酬組認為休息時間拿不到獎金，絲毫不想解謎。報酬反而讓他們失去了解謎的樂趣。

德西做了第2個實驗。他支付報酬給自願幫忙編寫大學報紙的熱心學生，但等到資金用光，無法再支付報酬後，學生也喪失了對工作的熱情。

當人沒有受到任何人指使，自願採取行動時，會充滿活力，因為人**「想保持自律性」**。自律性的意思是自行決定自身行動。

外在動機會削弱自律性，產生「被人控制」的感覺，減少「自己選擇行動」的感覺，內在動機也會隨之減弱。

德西繼續做第3個實驗。這次他不用金錢誘惑，而是威脅學生「若解不開謎底將遭受處罰」。他的威脅發揮作用，學生們都認真解謎，但早已喪失解謎的樂趣。

從施加壓力這點來看，強行規定工作目標、設定期限、監視都屬於「威脅」的一種，這類行為都會造成內在動機減弱。

德西將學生分成2人1組，縮短某些組的時間，讓某些組互相競爭。結果他發現，縮短時間組的內在動機不變，但互相競爭組的內在動機減弱了。由此可知，與他人競爭也會導致內在動機降低。

總而言之，**報酬、威脅、競爭都會導致內在動機減弱，甚至是消失**。自主選擇行動，才能認同並感受到行動的意義。**選擇的機會能提升內在動機**。

內在動機不可或缺的「成就感」

但報酬有時候也能得到效果。用報酬管理標準化作業，有機會提升生產性，但有些人會偷懶不做事，「只在有報酬的時候行動」。

利用報酬時必須注意兩點。

首先是**一旦給予報酬就無法回頭**。為了獲得金錢報酬而行動的人，只會在有報酬的期間內行動。跟孩子約定「讀書1小時就給零用錢」後，往後不給零用錢，孩子就不會主動讀書。

再來是**當人想獲得報酬時，會選擇最迅速、簡單的方法**。若讀書1小時就能拿到零用錢，孩子會花1小時做簡單的習題，不願挑戰困難的習題。

符合成果的報酬，確實能成為動機，但同時**也會讓人忽視工作，只重視報酬，採取能最快得到報酬的方法**。

其實內在動機也有報酬，即為「愉快感和成就感」。

最重要的是能讓人感受到「自己擁有完成工作的能力」的**「成就感」**。人人都能勝任的工作無法帶來成就感，必須將自己的能力發揮到極限，順利完成工作，才能得到成就感。

若成就感伴隨著「此行動是自己的選擇」的自律性，即能獲得巨大的滿足感，提升工作成果。Book44《尋找心流》介紹的心流，就是完美展現此現象的狀態。

只有自律性或成就感其中一方時，並無法提升內在動機。

最糟糕的是自律性和成就感都欠缺的情況，恐陷入抑鬱等狀態。

「必須加強控制……」的惡性循環

若能隨時抱持著好奇心與興趣，發揮成就感與自律性，人就能持續學習成長。

反之，遭到管理、控制時，人會喪失動力，不願意主動學習，等到情況惡化後，將停止一切行動。有些管理者見狀會以為「必須加強控制」，殊不知此舉反而會陷入惡性循環。

真正需要的並非控制，而是要停止控制，支持人的自律性。

認同對方是「獨當一面的人」，對方會認定「自己是有能力且自律的」，因此能維持內在動機。也就是說，必須讓每個人都打從心底認同「這是自己選擇後做出的行動」。這跟艾恩嘉在Book47《誰在操縱你的選擇》提到的「重視自我決定感」的論點有共通之處。

在承認人的能力、不損害其自律性的前提下給予報酬，甚至能提升內在動機。

Book32《追求卓越》和Book33《基業長青》介紹的卓越企業，都是懂得激發出員工內在動機的組織。

介紹新世代組織型態的Book36《重塑組織》提到，新組織型態是由員工自行決定工作，使其擁有自律性，激發內在動機，讓員工抱持著幸福感工作，收穫更大的成果。

提升每位員工的內在動機，是組織獲得豐碩成果的關鍵。

日本企業原本相當重視員工的內在動機。

但泡沫經濟後，日本企業開始實施成果主義，全面控管員工，單方面削弱員工的自律性和達成感。

希望大家在讀了這本書後，能重新檢視過去企業的優點。

POINT

管理和控制會使人失去學習慾望。最重要的是激發人的自律性。

44

《尋找心流》
——熱衷於喜愛事物的技術

（暫譯）*Finding Flow*（Basic Books）

米哈里・契克森米哈伊

研究幸福與創造性的知名心理學家，「心流」概念的提倡者。1934年生於義大利，父親為匈牙利外交官。1965年於芝加哥大學取得博士學位。曾於芝加哥大學等學校任職教授，後為克萊蒙研究大學特別榮譽教授。著作包括《心流：高手都在研究的最優體驗心理學》及《Good Business（暫譯：優質企業）》等。

我每天上午7點開始工作，有時會寫稿寫到忘我，不知不覺就過了4、5個小時，回過神來已經是午餐時間。這種時候我通常能寫出好書，內心也會很滿足。

本書作者契克森米哈伊將這種體驗命名為**心流體驗**。

契克森米哈伊幼時在歐洲經歷了悲慘的戰爭，之後他接觸到心理學，開始研究**「幸福的根本」**。調查結果顯示，只有極少數的美國富翁比收入一般的人還幸福，收入和幸福沒有直接關係。

契克森米哈伊鎖定藝術家等創造工作者為調查對象。

某作曲家形容：「我驚訝地看著自己的手自動譜寫樂曲。旋律就像泉水般不斷湧出。」當他們進入「忘我的境界」時，會湧出泉水般的靈感，進行創造活動。這種「流動（flow）」的狀態就是心流體驗。

你有沒有一頭栽進書中世界、滑雪時只感受到身邊的空氣，或是跟朋友聊到忘我的經驗呢？這些也都是「心流體驗」。

沉浸於這類狀況時，會覺得時間一眨眼就過去了，還會覺得自己變得更強大。

這種心流體驗也會出現在職場上。契克森米哈伊在書中寫到，SONY剛創立時，井深大的開發團隊無時無刻都處於心流狀態。

產生心流狀態的3個條件

滿足以下3個條件時，即會產生心流狀態。

①有需要具體行動的明確目標

②能立刻得到行動結果的反饋，明白是否進展順利

心流的模式

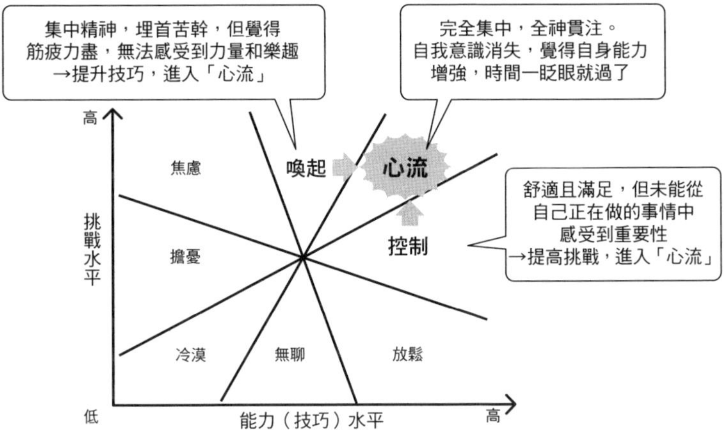

出處：《尋找心流》（經作者部分修改）

③自身的技巧水平與挑戰水平都相當高，而且達成平衡

只要能滿足這3個條件，行動本身就會具備價值。進入心流狀態時，自我意識會消失，讓人無暇思考其他事情，感受到自身能力增強，數小時彷彿像1分鐘，儼然進入了「忘我的境界」。

腦的能力有限，當人進入需要全神貫注的心流狀態時，腦會阻擋其他資訊，讓人無法產生其他想法，有時甚至會暫時忘記身體的病痛。**當腦發揮到極限時，人類將產生創造力**。

人在進入心流狀態時，會完全沉浸其中，無法感受到幸福感。挑戰極限的攀岩好手在感受到「幸福」的瞬間，可能會精神渙散，從崖壁上摔落。外科醫生在進行高難度手術時，以及演奏家在演奏高難度樂曲時亦然。要等到完成工作，回頭反思時，才會充滿感謝，感受到幸福。

想透過心流狀態創造出優秀的成果，得先在特定領域接受10年的訓練。進入心流的入口是**「喚起」**和**「控制」**。

雖然「喚起」也是一種集中精神、埋首苦幹的狀態，但無法感受到力量和樂趣，只會覺得筋疲力盡。此時自身技巧尚未達到高度挑戰水平，只要維持這種狀態，提升自己的技巧水平，即可望進入心流狀態。

「控制」是一種舒適狀態，覺得自己游刃有餘，不需要集中力和沉浸感。此時挑戰水平比技巧水平還低，只要提升挑戰水平，即能進入心流狀態。這就像人們常說的「離開舒適圈，迎接新挑戰」。

身處「喚起」和「控制」階段時，心流已經近在眼前。

德國心流體驗的調查結果顯示，「讀萬卷書，幾乎不看電視的人」最容易有心流體驗；「不愛讀書，常看電視的人」最不容易有心流體驗。也就是說，**主動做自己喜歡的事情，就容易產生心流**，但就算是做喜歡的事情，若抱持著被動的態度，仍不會產生心流。

曾是修道院牧師的孟德爾，出於興趣做了遺傳實驗，奠定遺傳學的基礎；政治家富蘭克林出於興趣做了避雷針實驗，證實雷即為電；赫爾辛基大學的學生林納斯・托瓦茲出於興趣做的Linux，成了全球通用的作業系統。

他們都找到能讓自己沉浸其中的事物，用自身的心流體驗改變了整個世界。

若你也能找到讓自己忘我的事物，進入心流狀態，你的人生會更加幸福，說不定還能創造出新事物，顛覆這個世界。

POINT

「心流」的忘我體驗，能幫助你成長。

45

《給予：華頓商學院最啟發人心的一堂課》（平安文化）

——採取利他行動，追求雙贏

亞當・格蘭特

組織心理學家，賓州大學華頓商學院管理學教授。生於1981年，為賓州大學史上最年輕的終身教授。獲獎無數，曾獲選《財星》雜誌的「全球40歲以下商學院教授TOP 40」、《商業週刊》的「最受歡迎教授」等。全力為「Google」、「IBM」、「高盛」等一流企業提供顧問服務，以及舉辦演講活動。

本書作者格蘭特主張「人有3種類型」。以兩個人切蘋果派時的行動為例：

①**索取者**：自己拿比較多。認為「全都是我的東西」的小霸王類型

②**互利者**：平分成兩等份。冷靜思考損益公平的類型

③**給予者**：給對方比較多。總是樂於分享的老好人類型

乍看之下，索取者能得到最多的利益，給予者經常吃虧，但格蘭特認為**隨時都能為對方著想的給予者才是最成功的**，並於本書講解背後原因。

格蘭特是一名組織心理學家，年僅28歲就當上全球評價最高的華頓商學院史上最年輕的終身教授。

在現實生活中，人會視情況改變自己的類型，以父母的身分面對孩子時是給予者，殺價時變成索取者。不過，人在工作時，只會維持其中1種類型。

透過人在工作時與他人相處的方式，就能看出他屬於哪種類型。

索取者順從上司、支配部下；給予者對任何人都不吝付出。

給予者不見得能百戰百勝，根據格蘭特針對工程師調查的結果，生產性最低的工程師就是給予者，因為給予者太常幫助他人，延誤到份內工作。

不過，**生產性最高的工程師也是給予者**，索取者和互利者的生產成果都相當普通。此結果也適用於醫學生、販售業等各領域。

林肯也是罕見的給予者，他會在選舉時支持對手陣營，落選是家常便飯，但他最終依然成了名留青史的美國總統。

為什麼有些給予者能成功，有些給予者會失敗呢？

在這個世界上，有些人明明沒有足夠的能力，卻堅持參加義工活動，有些人

出處：《給予：華頓商學院最啟發人心的一堂課》（經作者部分修改）

則認為「與其考慮其他人，不如先想想自己」。持續燃燒自我的給予者終將燃燒殆盡，難以獲得幸福。

成功的給予者不會無限制地付出，而是懂得站在他人的角度看事情，想辦法將整塊蘋果派放大，同時考慮自己的利益，追求雙贏，因此能獲得巨大的成功。

林肯之所以支持對手陣營，也是為了實現自己的政策，帶領美國進步。

在索取者的心中，「蘋果派的大小無法改變」，所以他們只重視勝負，不會產生「放大蘋果派」的想法，想盡辦法獨占利益。有些自私的索取者甚至完全不顧他人的利益。索取者和互利者認為「這麼做才能得到雙贏」。

有份針對有配偶或交往對象的人所做的調查，詢問雙方認為自己付出了多少%的努力在維持這段關係。若能客觀評價彼此的貢獻，雙方加起來會剛好是100%。

不過，在4組調查對象中，有3組的合計數字遠超過100%。由此可知，就算沒有惡意，人也容易高估自己的貢獻，以及低估對方的貢獻。這在行為經濟學中稱為**「歸因偏差」**。成功的給予者明白這點，遇到問題時會負起責任，一帆風順時會讚揚他人。

Book34《從A到A+》的第5級領導也是如此。

給予者也能感受到幸福。在針對2800名24歲以上的美國人所做的調查中，發現參加義工活動1年後，幸福度和人生滿足度都會提升，憂鬱症狀也會減輕。另外還發現到，參加義工活動的高齡者更加長壽。

也許你會想，「原來如此，當給予者比較有利！從今天起我也要變成給予者！」

但別忘了，給予者要熬過一段漫長的時間才能得到回報，若你覺得「我明明在做給予者做的事情，為什麼得不到回報」，代表你的骨子裡依然是索取者或互利者。

如第5章所述，許多優秀的領導者都是給予者。這個世界已經愈來愈透明，**多虧了日漸普及的SNS，他人一眼就能看出你是給予者、索取者還是互利者**。身處現代，更應該要瞭解本書的理念。

POINT

成功的給予者會持續付出，放大整塊蘋果派，創造大眾的幸福。

46 《誰說人是理性的！消費高手與行銷達人都要懂的行為經濟學》（天下文化）

——我們會有「符合規則的不合理傾向」

丹・艾瑞利

行為經濟學的研究先驅。杜克大學教授。於北卡羅來納大學教堂山分校取得認知心理學的碩士及博士學位，並於杜克大學取得經濟學博士學位。兼任麻省理工學院（MIT）史隆管理學院及媒體實驗室教授。以獨特的實驗研究獲頒搞笑諾貝爾獎。2008年出版的《誰說人是理性的！》席捲了美國各大媒體的熱銷榜。

本書作者艾瑞利是行為經濟學的先驅，也是一名熱愛實驗的研究家。每當發現不合理的行動時，他總會立刻做實驗，尋找其中的規則。

傳統經濟學主張「人會理性思考」，但人其實沒有經濟學家想像中那麼理性，而且行為模式多變。行為經濟學就是在探討人類不合理的行動。

本書用簡單易懂的例子揭開行為經濟學的全貌。

相對性的真相……愛比較的人類

有位在3年前進入投資公司上班的員工，當初的目標是「3年後年薪10萬美元」。雖然現在他的年薪已經達到30萬美元，超出初期目標3倍，但他依然心存不滿。

「工作內容跟我一樣的同事年薪有31萬美元！」

就像這樣，人有時會在與他人比較後感到不幸。

1992年，美國政府為了控制不斷攀升的企業董事薪資，規定企業必須公開薪資內容，但此舉反而造成經營者互相比較，導致薪資不減反增。

只要有比較對象存在，人就會以此為評斷事物的基準。

若類型與你類似，但比你還帥氣（或漂亮）的同性友人邀你去參加聯誼，代表你可能被利用了。聯誼對象在比較你們兩人後，會對你的友人留下更好的印象。不跟身邊的事物比較，把眼光放遠，才能做出更正確的判斷。

美國某新創企業的創辦人把原本的保時捷Boxster換成TOYOTA PRIUS，因為他知道再這樣下去的話，自己絕對會想換更高級的車，遲早會買下法拉利。

供需的謬誤……定錨效應會影響行動

每個美國人都有代表自己身分的9個號碼。

艾瑞利招集學生，介紹完葡萄酒後，請學生們寫下自己身分號碼的後兩碼（79等），接著問他們肯花多少錢買這瓶葡萄酒。

雖然學生們都當成玩笑話，認為「身分號碼不會影響價格」，但其實影響相當大。後兩碼80～99的學生願意花比後兩碼00～19的學生多3倍的價錢購買葡萄酒。

這就是**「定錨效應（Anchoring effect）」**。「Anchor」是船錨，「Anchoring」是「放下船錨」的意思。第一眼看到的數字會像定錨一樣停留在人類的心裡。這也是Book 28《精準訂價》介紹過的「價格策略的基本原則」。

人的行動會維持一貫性，一開始定住的錨會影響到後續的判斷。

傳統經濟學的觀點是「市場價格取決於賣家『想賣』的價格和買家『願意付』的價格的一致點」，但實際上，買家「願意付」的價格很容易遭到操弄。

社會規範 vs 市場規範……牽扯到金錢而失去的人際關係

以色列的父母習慣晚接孩子，讓托兒所相當頭痛，於是制定了遲到就要繳交罰金的規定，結果遲到的父母反而增加了。原本心存罪惡感，覺得「遲到會對托兒所造成困擾」的父母，在繳交罰金後，罪惡感也隨之消失。實施數週後，托兒所廢止罰金制度，但遲到的情況卻不減反增。

我們人類生活在兩個世界中，分別是靠人際關係驅動的「**社會規範**」的世界，以及靠金錢驅動的「**市場規範**」的世界。若將市場規範帶到社會規範的世界中，人際關係會遭到摧毀，無法修復。從托兒所的例子來看，他們將社會規範切換成市場規範後，又切回社會規範，取消罰金制度，所以遲到情況才會變得愈來愈嚴重。

人無法預測自己處於興奮狀態時會有什麼驚人之舉

艾瑞利找男學生測試人處於清醒狀態和性興奮狀態時，會做出哪些不同的判斷。

即使是品行優良的學生，處於性興奮狀態時也跟平常判若兩人，有很高的機率會想「來一場高風險的性行為」（順帶一提，據說這項研究實驗在研究所裡遭到多數人反對，好不容易才獲得許可）。

澀谷舉辦萬聖節活動時，興致高漲的年輕人們喧鬧了一整夜，還有人破壞物品遭到逮捕，但這些年輕人平常幾乎都很守規矩。

人無法想像自己湧現出特殊情緒時會進入怎樣的狀態。不能光是「硬性禁止」，而是要**以「情緒高漲的人會做出異於平常的行動」為前提，思考應對方法**。

所有權的昂貴代價……自己擁有的東西最棒！

艾瑞利做了個實驗，他跟抽中超人氣籃球全美決賽門票的學生收購門票，轉賣給沒抽中的學生，說白了就是當黃牛。

沒抽中的100名學生「平均願意花170美元購買」。

抽中的學生「平均願意用2400美元賣出」。

兩者的價差竟然高達14倍。人容易過度評價自己手上的東西，迷戀自己的所有物，害怕失去它，這種現象稱為**「稟賦效應」**。

「試用期」和「30日內保證退款」都是稟賦效應的應用實例。人一旦擁有了某物，就會想持續擁有。這也是為什麼Book48《影響力：讓人乖乖聽話的說服術》中的汽車業務會推薦顧客先試乘1日。

艾瑞利建議大家先保持距離，把自己當成非擁有者。

心裡想著「好吃」時，真的會覺得好吃

是可口可樂還是百事可樂比較好喝呢？有位精神科學家用能觀察腦部活動的探測器做了實驗。他讓實驗者在不曉得商品名稱的狀態下飲用，結果兩者並無明顯差異，但等到他公布商品名稱後，發現實驗者在飲用可口可樂時腦部活動更加活躍。

因為可口可樂鮮紅的顏色和文字等品牌標誌，讓實驗者產生聯想，覺得喝起來更加美味。

Book27《品牌優勢策略》介紹的情緒的利益，正是此效果。品嚐料理時，若心裡認為「好吃」，吃進嘴裡就真的會覺得好吃；若心裡認為「難吃」，吃進嘴裡就真的會覺得難吃。因此，餐飲學校對擺盤藝術的重視程度，不亞於烹調技術。

倒在高檔酒杯裡的葡萄酒會讓人覺得特別好喝，但盲測的結果顯示，酒杯的形狀並不會對味覺造成影響。正面的預測能讓我們更樂在其中。

就算是一模一樣的藥，高價的效果也更好

Book28《精準訂價》介紹了安慰劑（偽藥）效應。艾瑞利為了確認價格對安慰劑效應造成的影響，聲稱維他命C是「新型止痛藥」，對100人做了實驗。

當他說這是「1錠2美元50美分的昂貴藥物」時，幾乎全員都回答「有效」，但當他改口說這是「1錠10美分的廉價藥物」後，回答「有效」的人竟少了一半。

高價的藥物能帶來更好的安慰劑效應。

安慰劑效應能提升顧客感受到的價值。不過，華而不實的誇張廣告等同造假。安慰劑效應與造假之間的界線相當模糊，常讓市場行銷負責人難以斟酌。

儘管人類常做出不合理的行動，但並非亂無章法，有一定的規則可循，也有辦法預測。我們必須借助行為經濟學的力量，思考擺脫錯誤的方法。由於這類行動也會大幅影響到商業層面，因此理解行為經濟學也是重要的經營策略。

康納曼的名作《快思慢想》也有介紹各種行為經濟學理論，讀完本書後對行為經濟學產生興趣的朋友，不妨挑戰一下康納曼的作品。

POINT

人並不合理。學習行為經濟學有利經商。

47《誰在操縱你的選擇：為什麼我選的常常不是我要的？》（漫遊者文化）

——重重選擇造就了你

希娜・艾恩嘉

哥倫比亞大學商學院教授。1969年生於加拿大。為印度移民第二代，父母是錫克教徒。3歲時罹患眼部疾病，高中時完全失明。移居美國後，公立學校不斷教導學生「選擇」是美國的力量，因此艾恩嘉在進入大學後，決定將「選擇」定為研究主題，進行與「選擇」有關的廣泛實驗、調查及研究長達20年。

本書作者艾恩嘉是在加拿大出生，在美國長大的錫克教徒。錫克教徒必須遵守嚴格的戒律和教義，連飲食和服裝都不能自由選擇。

艾恩嘉幼時罹患視網膜色素病變，13歲時父親過世，高中時完全失明。她在美國公立學校學習到「自己決定自己的事情，是理所當然的權利」。遭逢一連串的變故後，她認為「自己做選擇才能開拓明亮的人生」，因此決定研究「選擇」，長年持續不懈。

這本書是她20年來的研究成果。

本書介紹了許多「出人意料」的選擇實驗。

但本書最值得深思的地方在於，書中並無肯定「選擇一定能帶來幸福」。

選擇是一種本能

在人類眼中，動物園裡的動物似乎過得比野生動物還要舒適。沒有外敵威脅，糧食充足，還有獸醫細心呵護。

不過，動物園裡的動物卻比野生動物還要短命。野生非洲象的平均壽命是56歲，動物園非洲象的平均壽命卻只有17歲。動物園動物的繁殖數量少，幼兒死亡率也高。

動物在野生環境中能憑野性本能求生，但動物園裡的動物被禁錮在鐵籠或玻璃牆中，無法靠自己改變當下的生活。

「無法靠自己控制狀況」的壓力會不斷累積，消耗動物的精力。

人類又是如何呢？在英國有項針對1萬名男性公務員的研究，調查他們數10年間的健康狀況。

「工作狂上司心臟病發猝死」這種刻板印象其實是錯誤的。職位最低的公務員罹患冠狀動脈心臟病死亡的機率，比職位最高的公務員高出整整3倍。原因在於「對份內工作的自由裁量度」。位居高位的人雖然責任重大，但對工作的自由裁量度高，無法自由決定工作的下屬反而會承受更大的壓力。

不過，若認定「自己在工作上擁有自由」，就算是低職位的人，也能活得健健康康。

影響健康的最大關鍵，並非自我決定權的大小，而是對自我決定權的認知。

有人在老人安養中心做了這樣的實驗。第一家安養中心讓入住者挑選自己喜歡的盆栽，並讓入住者自行照顧，另一家安養中心為入住者分配盆栽，並由看護照顧。

比較後發現，前者的入住者的滿意度和健康狀態較為良好，死亡率也較低。

哪怕只是小事情，只要能自由選擇，就能提高「自己有決定權」的意識。

相信「一切都取決於自己」的人，比不相信的人活得更健康、幸福。跟癌症等病魔奮鬥時，堅定的求生意志能提高存活率，減少復發的可能性。人類跟動物不同，能夠自由改變對世間萬物的看法。最重要的是，必須相信「自己有辦法做選擇」。

選擇的目的是為了團體，還是為了個人？

錫克教徒連結婚對象都不能自由選擇。艾恩嘉的雙親生於印度，婚禮當日才初次見面。這段故事聽在「自己決定自己的事情」的人的耳裡，肯定會大受衝擊，但對錫克教徒來說，「指定結婚」是一件理所當然的事情。

一切都被安排得好好的，他們會覺得幸福嗎？

根據艾恩嘉調查的結果，**在錫克教等原教旨主義宗教中，憂鬱症患者的比例相當低**。他們在面對困境時也能保持樂觀，覺得大大小小的制約「給予他們力量」，意外的是，他們認為「自己有在決定自己的人生」。

反之，無神論者陷入悲觀情緒的比例最高。

制約並不會影響「自己做決定」的自我決定感。

但這也取決於**個人主義社會和集體主義社會的差異**。

你在做選擇時，會優先考慮自己還是他人呢？

個人主義色彩強烈的西方社會，會優先考慮「我自己」；亞洲的集體主義社會，會以「團體的幸福就是個人的幸福」為宗旨，優先考慮「我們」。

艾恩嘉對美國小學生做了實驗。她利用6組卡片和6色麥克筆將孩子分成3組。這3組分別是自行選擇卡片和麥克筆的①組、由實驗者選擇卡片和麥克筆的②組，以及「聽從母親的指示做選擇」的③組。

結果顯示，在盎格魯裔美國人小學生中，最多人屬於「自己做選擇的①組」。跟他們說「媽媽叫你選這些」時，他們會露出明顯不悅的表情，回問：「你真的有問過我媽媽嗎？」

在亞裔美國人小學生中，最多人屬於「聽從母親選擇的③祖」。有位日裔小女孩還跟實驗者說：「要跟媽媽說我有乖乖聽話喔！」

這些選擇並沒有是非對錯，**只是成長環境不同，選擇方式也跟著改變而已**。

錫克教徒由他人決定結婚對象，是因為他們屬於集體主義社會，「結婚是全家人的事情」，「除了本人以外，家人也有為你結婚對象的權力」。

艾恩嘉雙親的婚禮，是雙方祖母詳談各種條件後，一致認同「兩人的結婚合乎兩家的期待」而走向的結果。

調查結果顯示，指定結婚初期的幸福度雖然比戀愛結婚還低，但結婚10年後反而會升到比戀愛結婚還高。從長遠的眼光來看，指定結婚不一定完全不好。

不過，習慣主掌自身大小事的美國人，很難接受指定結婚。

同樣道理，若要習慣指定結婚的人「自己找結婚對象」，他也會不知所措。

你心中的「正確選擇方法」，對別人來說不一定是正確的。選擇權和自我決定權固然重要，選擇方法也會依個人生長環境而有所改變。

重點是必須認同每個人的不同之處，尊重對方的選擇。

選擇太多不一定好

當艾恩嘉還是研究生時，她發現一家商品種類極為齊全的超市。她好奇「豐富的品項是否真的能帶動業績」，於是決定做實驗。她準備了能試吃24種果醬的試吃區，以及能試吃6種果醬的試吃區。

結果24種果醬的試吃區雖然吸引了60%的顧客，但多數人在猶豫了10分多鐘後空手離開，真正購買的只有3%的顧客。

6種果醬的試吃區吸引了40%的顧客，大家只花了1分鐘的時間選商品，有30%的顧客購買。少品項試吃區的業績竟然比多品項試吃區還高出6倍。

7個以上的選項會讓人失去辨識能力，無法做出選擇。但這也是有條件限制的。

我經常在Amazon尋找稀有書籍。雖然Amazon有販售大量的書籍和CD，但產品差異性明顯，此時有多重選擇反而是優點。買家只有在無法辨識產品差異時，才無法從眾多選項中做出選擇。

P&G原本有26種去屑洗髮精，在他們廢除銷量不佳的產品，將種類縮減到

果醬實驗：選項少反而容易做選擇

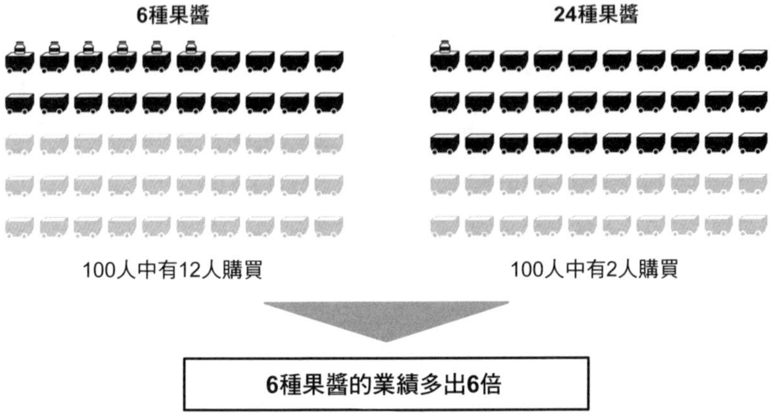

※作者參考《誰在操縱你的選擇》作成

15種後，業績也增加了10％。

選擇需要付出代價

在危險狀態下出生的早產兒，若持續接受延命治療，存活率有6成，但即使保住一命，也有可能長期臥床，無法恢復意識。一旦中斷治療，寶寶就會喪命。艾恩嘉在法國和美國調查了面臨此類狀況的父母，多數人都選擇放棄治療。

在法國，若雙親沒有異議，會由醫生判斷是否中止治療。「也只能這麼做了，兒子為我們帶來了很多。」法國的父母保持樂觀的態度，沒人會責備醫生或自責。

但在美國則必須由雙親自行判斷。「當時

應該還有別的選擇吧？」美國的父母事後會不斷責備自己。

大家知道一部名叫《蘇菲的抉擇》的電影嗎？劇情描述第2次世界大戰時，蘇菲和兒女一起被送到奧斯威辛集中營，納粹軍醫告訴她：「給妳一個選擇的機會，妳可以選1個小孩留下來，把另1個送到毒氣室。」

「別逼我做選擇。」蘇菲懇求道。但對方說，若不選擇2個小孩都會被送到毒氣室。

「把我女兒帶走吧。」送走自己女兒的蘇菲，在獲釋離開集中營後，每天早上都會回想起這個地獄般的抉擇，痛苦萬分。這就如同美國雙親的經歷。

可怕的是，現在已經進入高齡化社會，對於自己的父母，我們也有可能會面臨像蘇菲一樣的抉擇，我們該怎麼做才好呢？

遇到難以抉擇的情況時，不要自己做決定，交給專家判斷也是不錯的方法。艾恩嘉表示，堅信「選擇會讓人生更幸福」的我們，不願意放棄選擇的自由，但若**不管做出任何選擇都會伴隨著痛苦，不妨考慮刻意放棄選擇權**。

POINT

你是由選擇、偶然和命運構成。選擇能改變未來。

你的人生是由「選擇」、「偶然」和「命運」所構成。

未來就像一張白紙，會依照你的選擇變化。

而現在的你，是你過去做出無數選擇後造就的結果。

但另一方面，你也必須理解，選擇必定會伴隨著不確定性和矛盾。

正面迎接選擇，絕對能開拓更美好的未來。

48

《影響力：讓人乖乖聽話的說服術》（久石文化）

——避免在不知不覺間遭到操控

羅伯特・席爾迪尼

主要研究影響力科學，是世界知名的交涉專家。實施最先進的科學調查，用合乎倫理的方法將所得知識應用在商業及政策上。是亞利桑那州立大學的心理與行銷終生董事教授，也是INFLUENCE AT WORK公司的總裁暨執行長，公司主要業務為提供影響力訓練及舉辦各類演講。

即使我們自以為正在獨立思考，其實也早就受到極大的外界因素影響。

本書介紹此現象背後的原因及解決辦法，在全球各地都是暢銷書籍。

本書作者席爾迪尼是美國最具代表性的社會心理學家，書中詳細記錄他潛入業務、募款、推銷等真實體驗，非常有說服力。

我們在日常生活中經常會依賴**「思考捷徑」**。因為一直想東想西容易疲累，所以人類在遇到能夠省略思考的情況時，會採取最便捷的思考方式。

其中一個例子是，當我們在選購商品時，經常沒有仔細查詢品質跟價格是否成正比，就**反射性**地認為「貴代表好」。多虧如此，即使在日常生活中遇到大量需要判斷的情況，我們也有辦法應付。

不過，有些人會利用這種思考捷徑，用類似詐騙的手法騙取同意。本書基於心理學的原理，將這類騙取同意的戰術分成6類。

戰術1　互惠原理……認定「有恩必報」

我們一家人常去附近百貨公司的地下室購物，笑容滿面的店員每次都會端出用牙籤插著的小菜請我們試吃。小菜幾乎都很美味，而且只要有試吃，我們基本上都會消費，更別說跟店員相談甚歡的時候了，肯定會掏錢購買。

這就是所謂的「**互惠原理**」。人不喜歡欠人恩情，會想辦法回報。

太太們在咖啡店裡互搶賬單，爭著結帳，就是出於互惠原理。

只要先讓對方欠下小小的人情債，對方就會想辦法給你更多的回報。

本書也介紹了互惠原理的應用方法。安麗推銷員的秘密指南上寫著「告訴顧客『我先給您3天份的免費試用包，請您先試用看看。』3天後去回收試用包時，就能順利簽下訂單。」據說採用這種做法，銷量會出奇地好。

潛入派對的強盜在接過賓客端來的葡萄酒和起司後，也會不好意思地離去。連強盜也不喜歡受人施捨。就像這樣，「互惠原理」的力量非常強大，但也有防禦方法。

從一開始接收到對方的好意時，就立刻判斷「對方究竟是出於好意，還是推銷手段」。

以試吃品的例子來說，從一開始就別碰自己不喜歡的食物就好了。像我這個人只要一看到試吃品就會立刻伸手，還經常被妻子告誡說「不要亂拿試吃品」。

戰術2 一致原理……認定「決定的事情必須遵守」

只要保持一致性，持續做一開始決定好的事情，我們就能省下許多思考的時間。

人總想「遵守決定好的事情和約定事項」、「希望自己的選擇正確」。多虧如此，身為群居動物的人類，才有辦法推動社會發展。

宗教信徒之所以會做出超乎常人想像的舉動，也是因為如此。即使遭到強烈反對，他們也會堅信「自己做了正確的選擇」，導致愈陷愈深，深信「自己當初決定入教是正確的選擇」。

有些不肖之徒聰明地利用了這點。舉例來說，有汽車專賣店訂出便宜的價格，讓顧客下定決心購買，接著請顧客填寫數張購買資料，並提供1日試乘服務。這時候顧客會覺得「自己賺到了」。

但接下來店家會跟顧客說：「非常抱歉，我們忘記把空調的價錢也算進去了。」

如此一來，一開始便宜的價格變得不再便宜，但早已決定要購買的顧客，通常不會取消訂單。這種手段稱為**「低飛球策略」**。顧客已經答應要購買，即使事後被加諸不利的條件，也很難取消承諾。這種手段跟詐騙沒兩樣。

低飛球策略也有防禦方法。雖說保持一致性是好事，但難免會遇到不合理的情況。

只要過程中一發覺「不對勁」，就要趕在覆水難收前立刻放棄一致性。

戰術3 社會認同原理……認定「大家都在做的事就是正確的」

搞笑節目一定會穿插預錄的罐頭笑聲。調查結果顯示，罐頭笑聲增加了觀眾笑的次數和時間，能讓觀眾覺得節目裡的段子更有趣。

因為做出同樣行動的人愈多，大家會愈堅定該行動正確無誤。

美國某位銷售顧問對新進銷售員說：

「會自己決定要買什麼的人只有5％，剩下的95％都在模仿別人，不管你講得多麼頭頭是道，也贏不了他人的行動。」

「這個商品賣得超好！」之類的宣傳標語，便是利用了人類喜歡模仿他人的本質。

不僅如此，由於人特別愛模仿跟自己相似的人，因此廣告商只要主打「一般人都在使用」，就能業績長紅。

偽裝成「突擊採訪」，請公眾人物上街採訪一般民眾的「使用感想」。這類廣告手法也是為了凸顯出「一般人都在使用」。

抵禦這類手法的方法，是揪出不合理的地方。

搞笑節目的罐頭笑聲是事先錄好的，公眾人物也不可能直接上街頭突擊採訪。只要能發現這些盲點，就能關閉「思考捷徑」的開關。

戰術4 喜好原理……認定「我喜歡的人一定是好人」

兩名員警正在偵訊室裡審問嫌犯。其中1人脾氣相當火爆。

「是你做的吧？我會把你弄進去！這樣你至少會被關5年。快給我說！」

「喂喂，你太粗魯啦，去外面冷靜一下。」

火爆員警離開後，留在偵訊室裡的員警拿了罐咖啡給嫌犯，溫柔地對他說：

「那傢伙很厲害，他已經找到證據了，說要把你關5年不是在唬你的。你跟我年輕的時候很像，我相信你本性是善良的。我是站在你這邊的，現在認罪的話我可以幫你交涉減刑。」

然後嫌犯就卸下心防了。這是刑警劇常見的橋段。

當人對他人抱有**好感**時，很容易順從對方的請求，所以嫌犯才會卸下心防。

這名員警雙管齊下，還利用了互惠原理（請喝咖啡）。

以前跟某位銷售員聊天時，他就不斷強調我倆相似的地方，像是「他們的總公司就在我家附近」、「我們的名字有1個字一樣」等。這也是讓顧客產生親切感，讓顧客更輕易聽從業務員請求（＝販賣）的作戰方式。據說有些公司還會要求業務員事先調查好自己跟顧客相似的地方。上述員警說的「你跟我年輕時很像」，也是同樣道理。

此戰術的防禦方法是分開思考**「請求內容」**和**「請求者」**。

只要思考「要是其他人來賣同樣商品，自己是否會買」，就能冷靜地做出判斷。

戰術5 權威原理……認定「權威者絕對是正確的」

心理學家米爾格倫做了個實驗，驗證「人能給予他人多大的痛苦」。

他找來兩名實驗者分別扮演「老師」和「學生」，指示老師「若學生回答錯誤，老師必須遵從研究者的命令，按下電流開關」，結果老師持續按開關，電壓強到學生差點昏厥（實際上除了扮演「老師」的實驗者以外，全都是事先套好的，沒有真的通電，學生快昏厥的模樣也是演出來的）。

米爾格倫等人原本預估「只有1～2％的實驗者會持續按開關」，結果竟然有3分之2的參加者持續按到最後一刻。在美國以外的國家測試也得到同樣的結果。

並不是扮演老師的參加者本性殘暴。他們雖然會要求終止實驗，但卻無法反抗權威（＝下命令的研究者），只好持續按下電流開關。

人通常會服從權威者的命令。權威的影響力十分強大。

也多虧了「服從權威」的特質，人類社會才有辦法發展至今，但也有負面影響。人類的思考會因此受到限制。多數人參與強制收容所的大量屠殺事件，以及大公司發生醜聞等，恐怕都是此特質惹的禍。

人類會從身分（老闆或教授等）、服裝（白袍或西裝等）、裝飾品（乘坐的車輛等）來判斷該名人物是否為權威者。

在電影《結婚詐欺師》中，堺雅人扮演的結婚詐欺師是一名實際存在的人物，他身穿軍服詐騙女性，自稱是「美軍飛官庫希歐上校」，還是「加美哈美哈王和伊莉莎白女王的親戚」。這就像知名演員在廣告中身穿白衣介紹產品效果一樣。

我們無法反抗權威，但能利用兩個問題加強防禦。

「這個權威者真的是專家嗎？」或許我們就會發現，庫希歐上校其實根本不會開飛機。

「這個權威者的可信程度有幾分呢？」想想這個人賺了多少錢，就能減少被騙的風險。

戰術6 稀有性原理……認定「不容易得到的就是好東西」

我們常會覺得「不容易得到的就是好東西」，這種現象跟「自由」有很密切的關係。

當入手機會減少時，等於喪失了「入手的自由」，而我們討厭失去自由。這種現象稱為**「心理抗拒」**，簡單來說就是「不願意失去決定權」。

因此，當我們聽到「限定10個」的瞬間，會像打開開關一樣，萌生出想入手的慾望。

稀有性原理的防禦方法是自行察覺「稀有不代表好」。我們之所以會想要稀有的東西，不是真的有需要，只是單純想擁有而已。聽到「限定10個」時，先冷靜思考「自己是否真的需要這個商品」，就能逃離名為稀有性的陷阱。

時代的腳步愈來愈快，資訊量暴增，需要謹慎判斷的選擇也大幅增加，導致我們不得不依賴「思考捷徑」。席爾迪尼在本書最後總結：「依賴思考捷徑決定一切，日常生活確實會變得更有效率，但也讓壞人有機可乘。希望大家能確實理解本書介紹的6個原理，起身對抗這些詐騙分子。」

身為商務人士的我們，每天的工作都免不了交涉。若想瞭解對方的攻擊模式，提升交涉技能，本書絕對能派上極大的用場。

POINT

理解6個利用思考捷徑的影響力武器，保護自身安全。

49

《優勢識別器2.0》

——忘掉弱勢，活用優勢

（暫譯）*StrengthsFinder 2.0*（Gallup Press）

湯姆・雷斯

是一名傑出的商業思想家，也是暢銷作家。著作包括《發現我的領導天才》，以及榮登《紐約時報》暢銷書榜第1名的《你的桶子有多滿？》、《Wellbeing（暫譯：幸福力）》等。蓋洛普公司（提供優勢識別器服務）負責人，「正向心理學」的開山祖師。

應該有不少人從小就被灌輸「要克服弱點」的觀念。我的運動神經奇差無比，不管再怎麼努力，也始終低人一等。就算用盡全力拚命，頂多也只能達到平均水平。

不過，若忽視弱點，把這些努力全用在自己的強項上，則有機會培養出超乎常人的優勢。

本書能幫你找出自身的優勢原石。書中介紹的「優勢識別器」是基於已故的唐諾・克里夫頓的「人類優勢」研究開發而成。優勢識別器是蓋洛普公司提供的服務，本書作者湯姆・雷斯即為該公司的負責人。在２０１７年時，優勢識別器的累計使用人數已經達到１５００萬人。

此外，克里夫頓還被美國心理學會譽為**「正向心理學的開山祖師」**。正向心理學屬於心理學的領域之一，研究優勢和強項。Ｂｏｏｋ43《動機與行動》的作者德西和Ｂｏｏｋ44《尋找心流》的作者契克森米哈伊都曾受到正向心理學啟發。

從34種天賦特質中，磨練自己的優勢

社會上充斥著「努力克服缺點」的口號。這份努力本身相當珍貴，確實值得尊敬，但若能將這份巨大的努力放在優勢上，肯定能獲得更強大的力量。

應該把不擅長的事情交給專家處理，集中精神在自己的優勢上。

曾經有位名匠「能製作全世界最好的鞋子」。以他的能力１週應該能生產數百雙鞋，但實際上他卻只做出30雙，因為他花了太多心思在自己不擅長的銷售和資金籌備上。據說自從他跟銷售專家分工合作後，１週的鞋子產量順利多出３倍

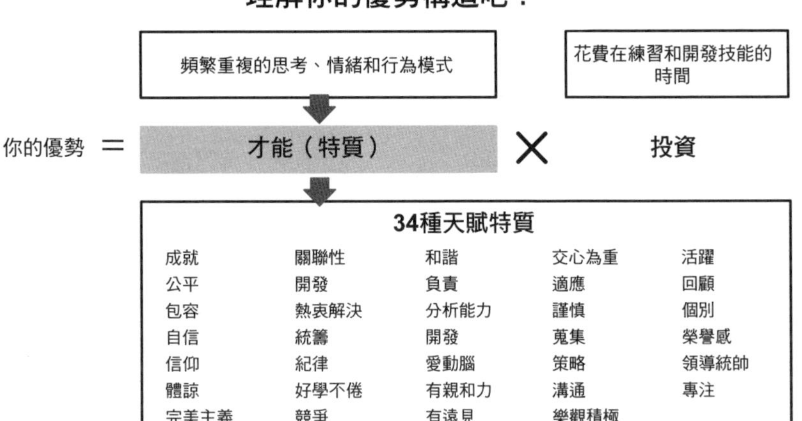

※作者參考《優勢識別器2.0》作成

以上。

數字也能證明我們最好集中精力在自己的優勢上。

調查結果顯示，每天磨練優勢的人比其他人多出6倍的工作熱忱和效率，還有3倍以上的人表示「自己擁有非常好的生活品質」。

重視部下優點的上司能帶領職場蒸蒸日上。重視部下缺點的上司對職場造成負面影響（態度不積極、憤怒、不滿）的機率是22%，重視部下優點的上司造成負面影響的機率只有1%。看重部下的優點，能讓職場氣氛更舒適，有效提升業績。

優勢識別器是能鎖定優勢源頭「特質＝人本身的才能」的工具。**優勢等於才能（特質）**

乘以投資。找出你的特質並加以培育，這將成為你的優勢。

天賦特質共有34種，沒有優劣之分，都只是性質罷了。擁有「信仰」特質的人會維持一貫的強烈價值觀，若遇到與自身價值觀不合的頑固對象，恐爆發激烈衝突。如何活用特質，取決於你自己。

本書詳細介紹這34種天賦特質和活用方法，書末附有專屬訪問碼，進入網站回答約200道問題後，就能得知自己前5名的特質（訪問碼無法重複使用，想檢測特質的人一定要買新書，不能買二手書）。

我也測試了一下，我的第1名特質是「好學不倦」。「好學不倦」代表熱衷於從「一無所知」到「學會某件事情」的整段過程，甚至連最終成果都毫不在乎。我確實經常在工作時埋首查詢新知，回過神來才發現自己早已把原本的工作拋諸腦後，害工作夥伴相當傻眼。因此我刻意製造能將自身學習成果化為實體的機會，本書正是我長年累積的成果。

天賦特質就像未經琢磨的鑽石，需要靠你親手研磨。掌握自身特質後，你也可以推薦給其他人測試，肯定會有新發現，能夠親身體會到「每個人都是獨一無二的」。我也推薦給妻子測了一下，結果她測出來的結果跟我完全不同。

推出知名啤酒「Yona Yona ale」的Yoho Brewing也運用優勢識別器，讓員工瞭解彼此的特質，依照個人優勢分配合適的業務內容，順利提升團隊整體的效率。

Book7《競爭大未來》將自家公司獨有的優勢稱為**「核心競爭力」**。磨練自身特質，能培育出核心競爭力；激發同事的特質，還能創造出團隊的核心競爭力。

POINT

人人都具備優勢。理解優勢的構造，活用自身的天賦特質。

《社交網路論》

——理解人與人之間的聯繫

（暫譯）*Readings in Social Networks*（勁草書房）

米爾格倫、科爾曼、格蘭諾維特

史丹利・米爾格倫（上）是20世紀最重要的心理學家之一，提出小世界現象及實施權威服從實驗。詹姆斯・科爾曼（右）曾任美國社會學會會長等，是一名社會科學家。馬克・格蘭諾維特（左）是史丹佛大學社會學教授。他基於自身攻讀哈佛大學博士課程時的調查，研究「弱連結的力量」，並因此聲名大噪。

現在我們能透過LINE或Facebook等社群媒體跟大量的人產生聯繫。其實早在50多年前，國外就已經開始研究人與人之間的聯繫。

這些理論被稱為**「社會網絡理論」**。

這本書是社會學家野澤慎司教授與3名研究員共同翻譯7篇主講社會網絡理論的主要國際論文後統整而成。工作上需要用到社群媒體的人，絕對不要錯過這本書。

我從7篇論文中選出3篇特別重要的論文，做個簡單介紹。

《小世界》史丹利・米爾格倫

跟初次見面的人聊天後，驚訝地發現彼此有共同友人，大家有沒有這樣的經驗呢？

這個世界意外地小。米爾格倫研究此現象後，於1967年發表了講述《小世界問題》的論文（Book48《影響力》介紹的服從權威實驗，也是米爾格倫做的實驗）。

米爾格倫為了驗證「這個世界究竟有多麼小」，從2億名美國人中挑出2名素不相識的人，實際調查他們能透過幾名親友產生聯繫，結果平均透過5人就能聯繫到對方。我們常會覺得「世界真小」，而米爾格倫正是全世界第1個用實驗證明這句話的人。

《社會資本》詹姆斯・科爾曼

人們常說：「做生意的資本是人力、設備、資金。」但在現實生活中，靠人情實現交易的例子也不在少數。「既然是他的請求，我就想辦法幫忙吧！」你肯定也常出現這種想法。

像這樣靠人的好意連結起來的成果，就是**社會資本**（**social capital**）。

「社會資本是繼人力、設備、資金的第4個資本。」這是科爾曼在1988年提出的新觀點。

人力、設備、資金一定都歸屬於某人，但社會資本是社會整體共有的資源，豐富的社會資本能為集團中的所有人帶來利益。

社會資本的基本單位是個人間的關係。個人間互相信賴，靠**強烈的牽絆**維繫關係的集團，能坐擁更勝於其他集團的社會資本。

紐約的鑽石商主要是猶太人，他們靠姻親關係產生聯繫。據說他們在做品質鑑定時，不會簽訂任何保證書，而是直接把鑽石裝在袋裡交給對方，即便如此也不會有人偷偷掉包成人工鑽石，他們彼此之間有著強烈的信賴關係。

描述義大利黑手黨柯里昂家族興衰的電影《教父》，一開場教父就接到葬儀社老闆的委託，請求他幫遭到暴行的女兒復仇。深愛家族成員，扮演父親角色的教父答應了老闆的請求，之後老闆也開始經手教父委託的非法任務。

義大利黑手黨家族成員彼此信賴，互相施以龐大的恩情，還制定嚴格的規定，背叛者甚至會慘遭滅口等。

在這類封閉的團體中，會有「必須這麼做才行」的不成文規定，打破規定的人會遭到制裁。日本江戶時代的「村八分」也是屬於私自制裁的行為。

縱使這類靠強烈信賴關係緊密相連的團體有不好的一面，但大家都能循規蹈矩地執行規定事項。教父的家族也是靠鐵之紀律突破重重難關。

就像這樣，社會資本能為團體裡的所有人帶來利益。

傳統的日本大企業也受到終身雇用制保護，員工間有強烈的牽絆，共同打造出全球通用的高品質商品及服務。

但這些日本企業也會遇到問題。只靠關係親密的內部員工維持的公司，對世間的變化不敏感，不擅長創造出新產品，對外界的資訊傳播能力也相當弱。

在電影《教父》中，也有演出教父受到昔日同伴牽制，無法脫離非法生意的痛苦心境。有負面醜聞的公司之所以醜聞頻傳，正是因為員工害怕被貼上背叛者的標籤，不敢揭發事實所致。

能在這種時候發揮威力的武器，即是下篇論文提到的**「弱連結的力量」**。

《弱連結的力量》馬克・格蘭諾維特

弱連結的力量指的是一群平常不怎麼見面，只在讀書會等場合有一面之緣，關係不算密切的人們。

雖然一般人總認為「這樣的人際關係靠不住」，但事實並非如此，這類人際關係正是本文標題提到的**「弱連結的力量（The Strength of Weak Ties）」**。這是格蘭諾維特在1973年提出的理論。

弱連結比強連結更容易形成，能夠跟各式各樣的人產生聯繫，獲得豐富的新知識。而且弱連結容易擴展，能輕鬆將資訊傳播到遠方。

格蘭諾維特找來54名透過朋友介紹找到新工作的人，調查他們與朋友見面的頻率，**結果發現經由「弱連結」友人找到工作的人，佔了壓倒性的多數**。透過頻繁見面的「強連結」友人找到工作的人只有9名（17％），其他45名（83％）都是透過平常不怎麼見面的「弱連結」友人。因為強連結友人擁有的情報通常跟自身現有的情報重複，無法成為轉職的助力。

想獲得新靈感時，這類弱連結也能派上用場。

過去日本企業的員工，跟同事待在一起的時間壓倒性地多。在這種狀態之下，少有機會接觸新資訊。即使創造出新成果，通常也只會在公司內部流傳，無法拓展到整個社會。這就是造成日本企業停滯的主因之一。日本企業內部的人際關係，就像教父的家族一樣，是以「強連結」為中心。

有鑑於此，最近的新企業會透過開放式創新等手段，增加員工與公司外部的弱連結，探索並採納自身缺乏的新知，不斷摸索，創造出全新的經營模式，並積極將公司資訊傳播到外界。鼓勵員工從事副業也是其中一環。

瞭解這些理論，思考身處社群媒體時代的理想交流方式，肯定能培養出更深層的洞察力。

POINT

身處社群媒體時代的我們，更應該要理解人與人之間的基本交流方式。

作者介紹

永井孝尚（Nagai Takahisa）

慶應義塾大學工學部畢業，取得東京多摩大學研究所ＭＢＡ，並曾任東京多摩大學研究所客座教授。

前日本ＩＢＭ行銷經理，負責事業策略的立案與實施；同時兼任人才培育負責人，制定及實施人才培育計畫，支援ＩＢＭ軟體事業的成長。２０１３年創立Wants and Value股份有限公司，兼任日本各企業團體之顧問，每年舉辦２０００人以上與「行銷策略」相關的演講。定期舉辦經營策略講座「永井塾」，教授行銷策略相關技巧。商管相關著書無數，在台灣曾出版《百圓可樂如何賣千圓：打敗市場行銷大師的秒殺行銷法》（在日本銷量60萬冊）、《創造銷售藍海的８堂課：讓客戶從不認識你到離不開你的行銷策略》（在日本銷量10萬冊）、《贏回你的人生！》、《對了！來賣星星吧！》、《在ＡＩ時代勝出》、《高獲利訂價心理學》、《大賣場旁的小販為什麼不會倒？》等書。

永井孝尚官方網站：takahisanagai.com

永井孝尚Twitter：@takahisanagai

國家圖書館出版品預行編目資料

全球 MBA 必讀 50 經典 / 永井孝尚作；張翡臻譯 . --
臺北市：三采文化股份有限公司 , 2021.01
　面；　公分 . -- (Trend；66)
ISBN 978-957-658-458-9(平裝)

1. 企業管理
494　　　　109018025

◎封面圖片提供：
Svetlana.ls / Shutterstock.com

suncolor 三采文化集團

Trend 66

全球 MBA 必讀 50 經典

作者｜永井孝尚　譯者｜張翡臻
主編｜喬郁珊　美術主編｜藍秀婷　封面設計｜李蕙雲
版權選書｜劉契妙　選書編輯｜李嫜婷
內頁排版｜菩薩蠻數位文化有限公司

發行人｜張輝明　總編輯｜曾雅青　發行所｜三采文化股份有限公司
地址｜台北市內湖區瑞光路 513 巷 33 號 8 樓
傳訊｜TEL:8797-1234　FAX:8797-1688　網址｜www.suncolor.com.tw
郵政劃撥｜帳號：14319060　戶名：三采文化股份有限公司
初版發行｜2021 年 1 月 29 日　定價｜NT$480
4 刷｜2022 年 10 月 20 日

SEKAI NO ERITO GA MANANDEIRU MBA HITSUDOKUSHO 50SATSU WO 1SATSU NI MATOMETEMITA

First published in Japan in 2019 by KADOKAWA CORPORATION, Tokyo. Complex Chinese translation rights arranged with KADOKAWA CORPORATION, Tokyo.